高等职业教育**新形态**规划教材　**自动化专业**课程群

MECHANICAL ENGINEERING DRAWING

机械工程制图

任务跟踪训练

主　编　王瑞清　赵金考　周彦云　武　云
副主编　刘小兰　郭瑞芳　王宏斌　刘　媛
主　审　覃国萍

中国水利水电出版社
www.waterpub.com.cn
·北京·

内 容 提 要

本教材根据职业教育改革发展方向和高端技术技能型人才培养目标，以及教育部“高职高专教育工程制图课程教学基本要求”、机械工程制图职业技能等级标准对职业技能及相关知识的要求，基于工作过程系统化课程的本质要求来设计学习情境，并结合多年教学经验精心编写而成，以实现现代职业教育对学生职业能力和职业素养的培养。

本教材与《机械工程制图》教材相配套，两者紧密结合，相互对应；采用最新颁布的国家标准《技术制图》与《机械制图》；各学习情境循序渐进、由浅入深，精心选编，难度适中，有代表性和典型性。学生能够利用手机等移动终端通过扫描二维码查阅任务跟踪训练参考答案。为了查阅标准方便附有附录。

本教材可作为应用型本科、职业本科、高职工科学校的机械类及相关专业的教材，也可作为相关工程技术人员的参考用书。

图书在版编目（CIP）数据

机械工程制图任务跟踪训练 / 王瑞清等主编. -- 北京 : 中国水利水电出版社, 2022.5（2025.8 重印）
高等职业教育新形态规划教材. 自动化专业课程群
ISBN 978-7-5226-0588-3

Ⅰ. ①机… Ⅱ. ①王… Ⅲ. ①机械制图－高等职业教育－教材 Ⅳ. ①TH126

中国版本图书馆CIP数据核字(2022)第053353号

策划编辑：陈红华　　责任编辑：张玉玲　　封面设计：梁　燕

书　　名	高等职业教育新形态规划教材（自动化专业课程群） 机械工程制图任务跟踪训练 JIXIE GONGCHENG ZHITU RENWU GENZONG XUNLIAN
作　　者	主　编　王瑞清　赵金考　周彦云　武　云 副主编　刘小兰　郭瑞芳　王宏斌　刘　媛 主　审　覃国萍
出版发行	中国水利水电出版社 （北京市海淀区玉渊潭南路 1 号 D 座　100038） 网址：www.waterpub.com.cn E-mail：mchannel@263.net（答疑） sales@mwr.gov.cn 电话：（010）68545888（营销中心）、82562819（组稿）
经　　售	北京科水图书销售有限公司 电话：（010）68545874、63202643 全国各地新华书店和相关出版物销售网点
排　　版	北京万水电子信息有限公司
印　　刷	三河市德贤弘印务有限公司
规　　格	184mm×260mm　16 开本　11 印张　261 千字
版　　次	2022 年 5 月第 1 版　2025 年 8 月第 2 次印刷
印　　数	2001—3000 册
定　　价	40.00 元

前　言

本教材根据职业教育改革发展方向和高端技术技能型人才培养目标，以及教育部“高职高专教育工程制图课程教学基本要求”、机械工程制图职业技能等级标准对职业技能及相关知识的要求，基于工作过程系统化课程的本质要求来设计学习情境，并结合多年教学经验精心编写而成，以实现现代职业教育对学生职业能力和职业素养的培养。本教材与《机械工程制图》教材相配套，具有以下特点：

一、与教材紧密结合，相互对应。

二、采用最新颁布的国家标准《技术制图》与《机械制图》。

三、图形清晰、准确、精美，并做到线条一致，符号统一。

四、各学习情境循序渐进、由浅入深，精心选编，难度适中，有代表性和典型性。

五、为了配合教材对学生职业能力和职业素养的培养，每个学习情境都从资讯学习开始，到对知识和技能进行有效适度的训练，完成“教、学、做”一体化的情境教学示范。

六、学生能够利用手机等移动终端通过扫描二维码查阅任务跟踪训练参考答案。为了查阅标准方便附有附录。

本教材由王瑞清、赵金考、周彦云、武云担任主编；刘小兰、郭瑞芳、王宏斌、刘媛担任副主编；覃国萍担任主审；参与编写的还有周建刚、杨新莲、杨晶、王婕、闫威、李雨田、包雪琴、姜旭。其中，学习情境 1 和学习情境 3 由王瑞清、赵金考、周彦云、武云编写，学习情境 2 由刘小兰、郭瑞芳、王宏斌、刘媛编写，学习情境 4 由周建刚、杨新莲、杨晶、王婕、闫威、李雨田、包雪琴、姜旭编写。

由于水平有限，书中难免有不足之处，欢迎读者批评指正。

编　者

2022 年 3 月

目　　录

学习情境 1　绘制产品平面图形

学习情境 1 参考答案

子学习情境 1.1　手工绘制产品平面图形

1　常用绘图工具及使用（此类标题与主教材对应）

1．资讯学习

（1）什么是家国情怀？家国情怀对个人和社会有什么重要意义？

（2）常用绘图工具有哪些？常用图板规格有哪些？

（3）怎样可以画出垂直线、水平线和 15° 整倍数的斜线？

（4）绘图时打底稿用什么铅笔？削成什么形状？

2 国家标准规范——图样、图纸幅面、图框、标题栏

1. 资讯学习

（1）请结合遵守制图国家标准规范，谈谈你对“不以规矩，不成方圆”的理解，并阐述规则在社会生活中的重要性？

（2）图纸幅面有哪些？各种幅面的关系是什么？

（3）必要时允许加长的幅面有哪些？

（4）如何得到小一号的图纸幅面？

（5）图框格式有哪些？一般怎么放置？

（6）各种图幅留装订边、不留装订边的图框尺寸是什么？

（7）标题栏的线型如何？

班级 姓名 学号

2　国家标准规范——线型、字体、比例

1．资讯学习

（1）图样的常用线型有哪些？

（2）粗实线、细实线、细虚线、细点画线、波浪线分别用于什么中？

（3）什么是字体的号数？图样上的汉字应写为什么字体？

（4）常用字体的号数为多少？字宽为字高 h 的多少？约为多少？

（5）字母和数字常怎么倾斜？

（6）用作指数、分数、极限偏差、注脚的数字及字母一般应采用小几号的字？

（7）比例的概念是什么？包括什么？优先选用第几系列？

（8）同一张图样上一般采用的比例是什么？比例一般应注写在哪里？

2. 数字练习

0 1 2 3 4 5 6 7 8 9 Φ　0 1 2 3 4 5 6 7 8 9 R　Φ R

班级　　　　姓名　　　　学号

3．中文、字母、数字练习

齿轮轴套支架箱组合体剖视图面

包头轻工职业技术学院机械工程图样识绘

ABCDEFGHIJKLMNOPQRSTUVWXYZ

abcdefghijklmnopqrstuvwxyz

备注比例描图审核日期第张技术交流

机械制图标准序号名称件数重量材料

机械制图标准序号名称件数重量材料

机械制图标准序号名称件数重量材料

班级　　　　姓名　　　　学号

4．临摹线型和箭头

粗实线 粗实线

× ×
× ×
× ×
× ×
× ×

虚线 虚线

× ×
× ×
× ×
× ×
× ×

点划线 点划线

× ×
× ×
× ×
× ×
× ×

双点划线 双点划线

× ×
× ×
× ×
× ×
× ×

波浪线 波浪线

× ×
× ×
× ×
× ×
× ×

箭头 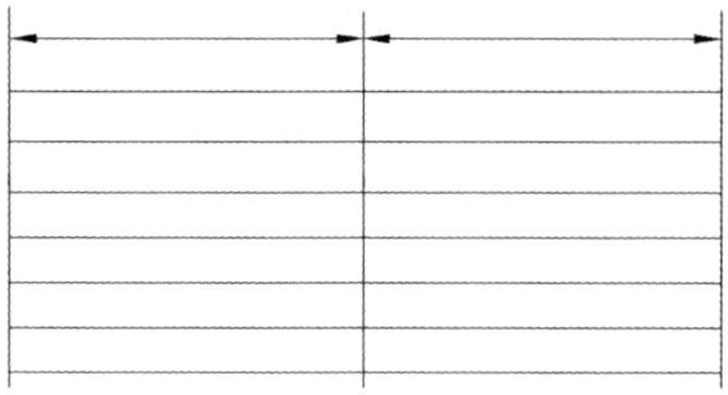 箭头 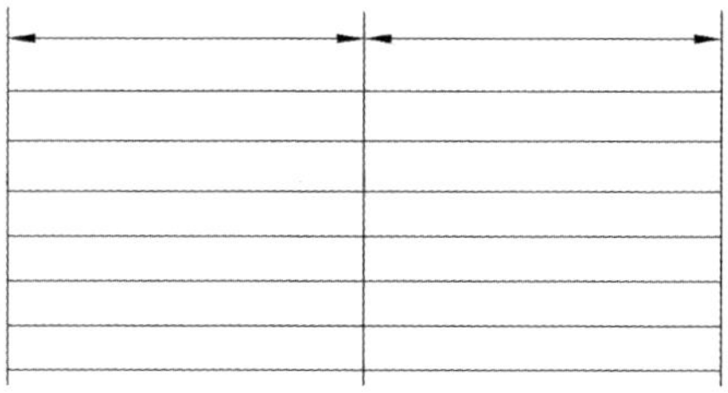

班级　　　　姓名　　　　学号

2　国家标准规范——图样的尺寸

1．资讯学习

（1）尺寸标注的基本规则有哪些？

（2）尺寸的组成有哪些？

（3）什么是尺寸线？有什么要求？

（4）尺寸数字有什么要求？

（5）什么是尺寸界线？有什么要求？

（6）尺寸线的终端有什么要求？

2．找出图中的错误，并改正（在空白处画出正确的图）。

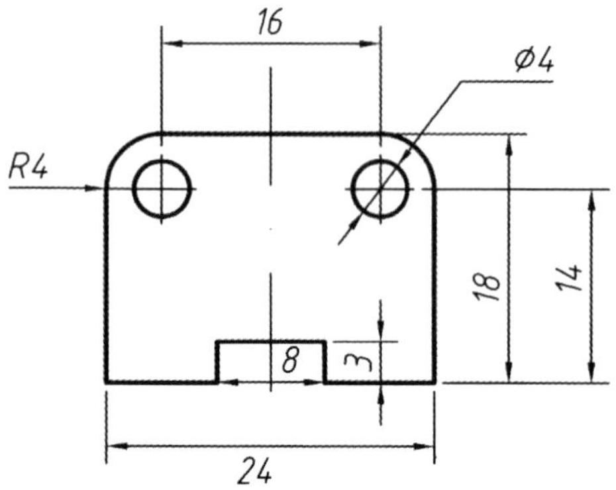

3．分析图中尺寸标注的错误，并在右图中重新正确标注。

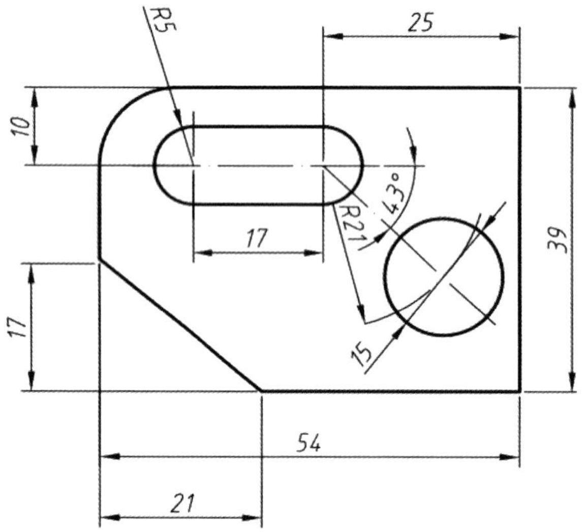

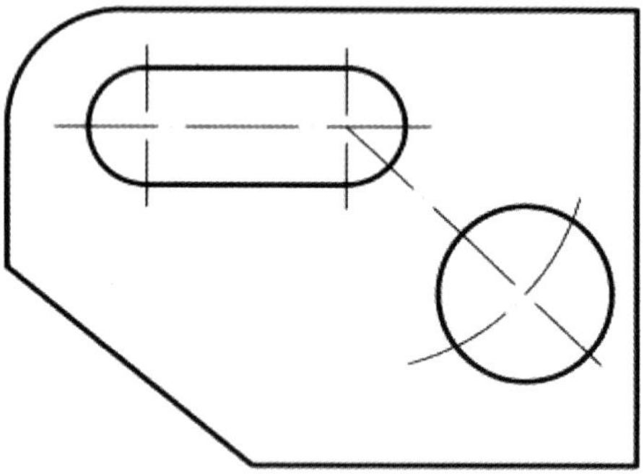

4．标注下列尺寸（尺寸数值从图中量取，取整数）。

（1）画出箭头并写出尺寸数字。

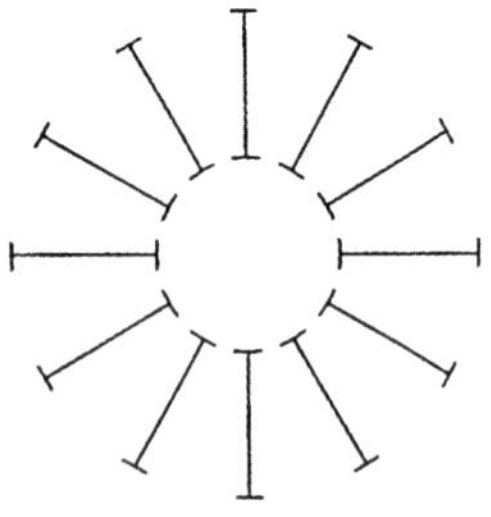

（2）标注直径尺寸。

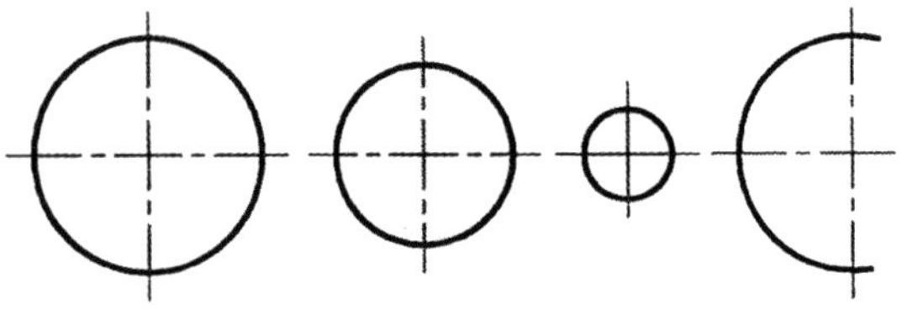

（3）标注半径尺寸。

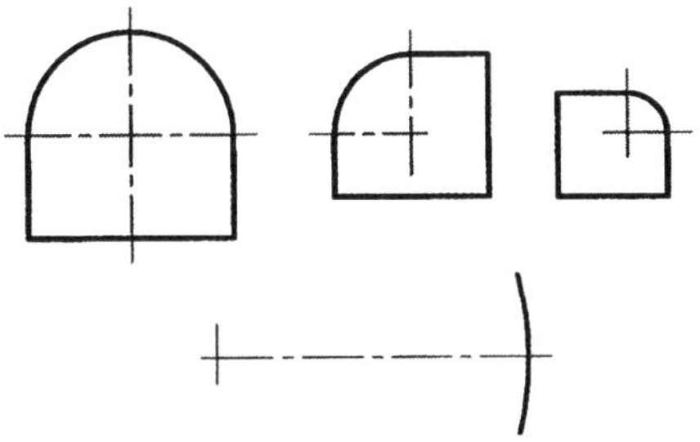

（4）标注小间距尺寸。

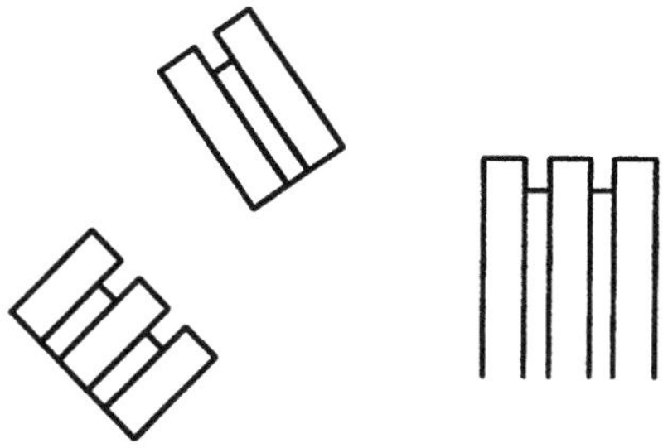

（5）标注角度尺寸。

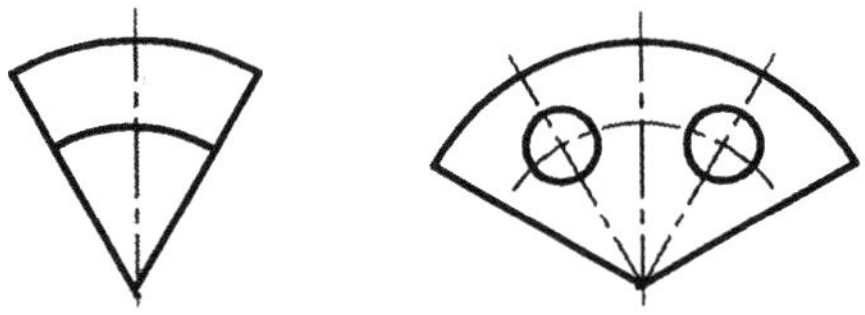

（6）标注角度尺寸。

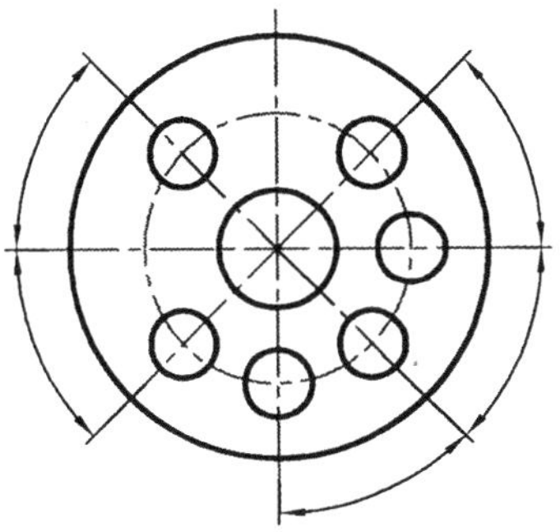

5．标注平面图形的尺寸（数值按图中量取，取整数）。

（1）

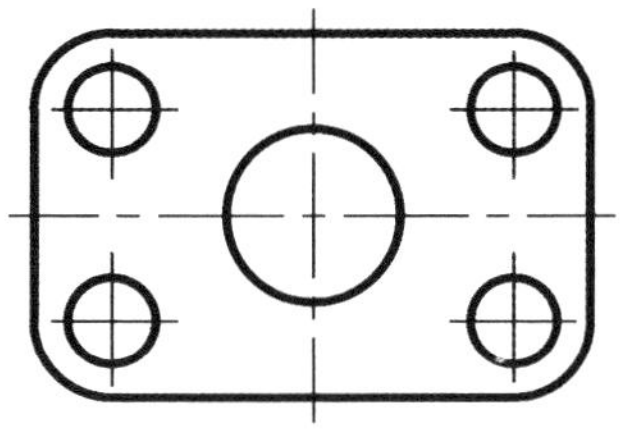

（2）

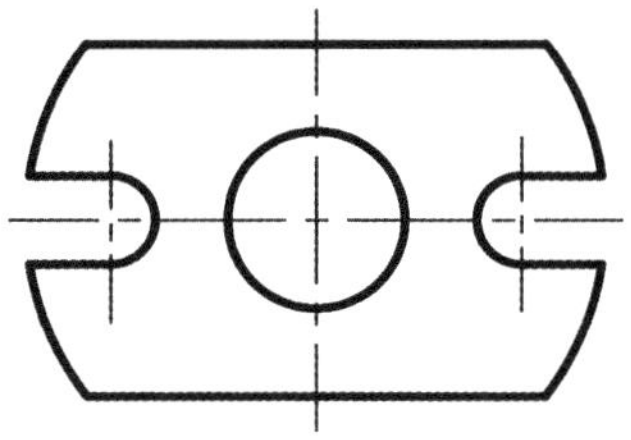

（3）

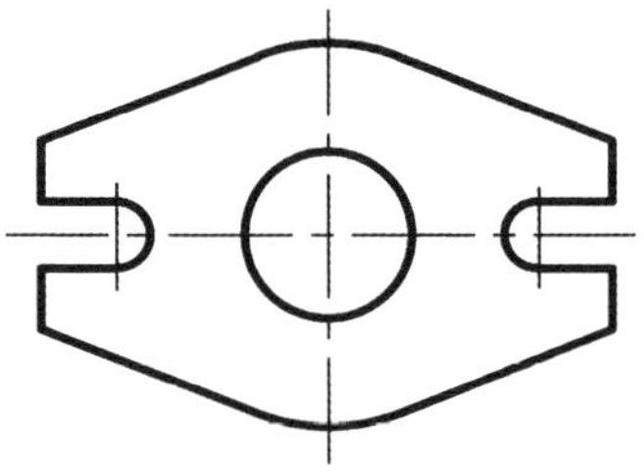

（4）

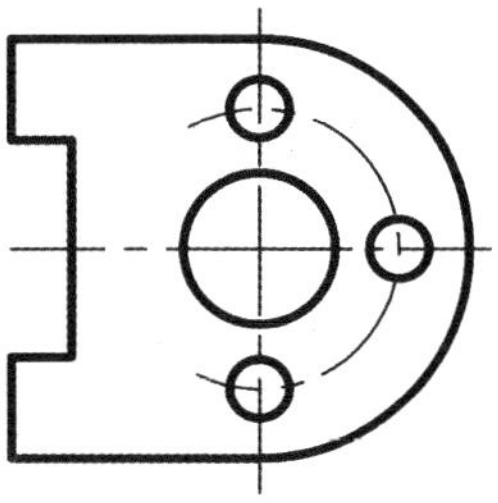

班级　　　　　　姓名　　　　　　学号

3 常见的几何图形的作图方法 4 平面图形的尺寸分析、画法及尺寸标注

1．资讯学习

（1）结合绘制产品平面图形，谈谈你对“一丝不苟，爱岗敬业”的理解，并阐述如何在学习中践行这一原则？

（2）什么是已知线段、中间线段、连接线段？

（3）平面图形的画图步骤如何？

（4）平面图形尺寸标注的要求有哪些？平面图形尺寸标注应注意的问题有哪些？

班级 姓名 学号

2．读图中的尺寸并回答问题。

（1）

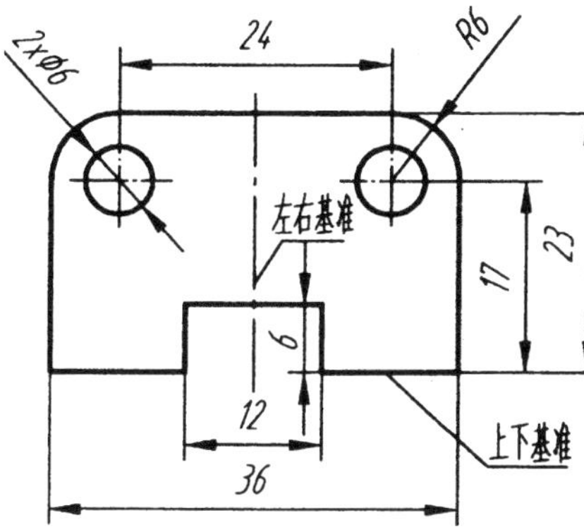

（2）

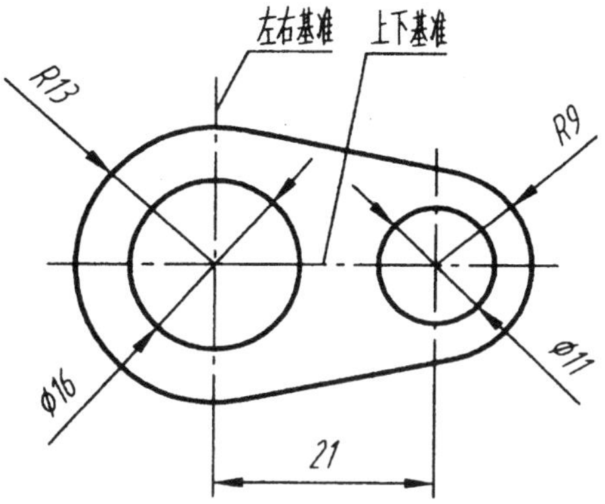

图（1）中定位尺寸有____________，定形尺寸有________________________________，圆“∅11”的定形尺寸和定位尺寸是____________。图（2）中定位尺寸有____________，定形尺寸有____，圆“∅6”的定形尺寸和定位尺寸是____________。

3．参照所示图形，以 1:1 比例在空白处画出图形，并标注尺寸。

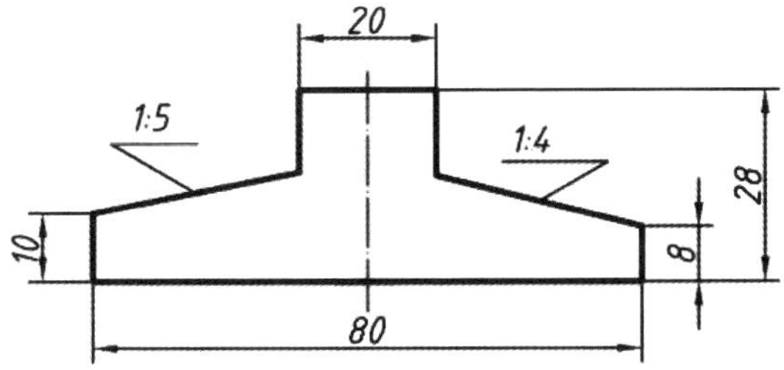

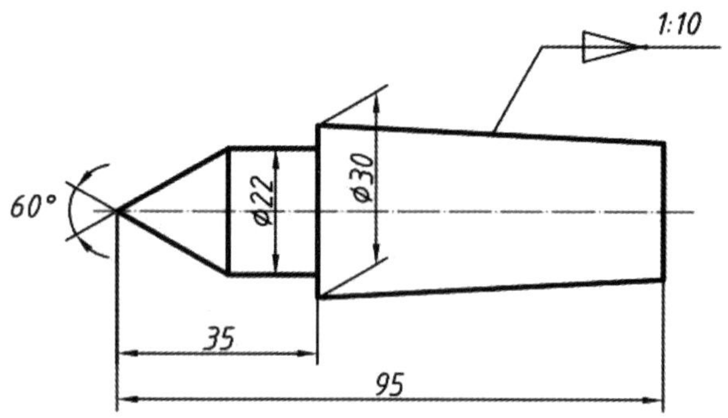

4．大作业一：在 A4 纸上抄画下列零件轮廓（任选一个图形，并标注尺寸）。

（1）要求

1）布图匀称。

2）作图准确。圆弧连接要用几何作图的方法确定圆心和切点。

3）图面清晰、整洁。图线粗细分明，线型均匀一致且符合国家标准规定，尺寸数字及箭头大小一致。

4）正确使用绘图仪器。

（2）作图步骤及注意事项

1）固定图纸，布置图幅，作定位线。

2）按线段分析确定作图顺序，用铅笔轻轻作出底稿。作图时线段的长短应尽量按所注尺寸一次画出，量尺寸应使用分规。需要通过作图来确定的线段，作图时按估计位置略长一点画出，准确定位后及时擦去多余线条。

3）标注尺寸。尺寸数字采用 3.5 号字，箭头宽约 0.7mm，长为宽的 6 倍，约 4～5mm。

4）检查描深。描深之前一定要仔细检查，确认图形及尺寸都准确无误后，方可描深。描深时应按先细后粗、先圆后直，从上至下、从左到右的顺序依次进行。描深后粗实线宽约 0.5mm，细线宽约 0.25mm。描深时各线段的起落点要准确。为使圆弧线段和直线段的图线均匀一致，圆规的铅笔芯应比画直线的铅笔软一号。

班级　　　　　　　　　　　姓名　　　　　　　　　　　学号

5）填写标题栏。图名：基本练习。在相应栏内填写：姓名、班级、学号、比例、日期等内容。

（3）零件轮廓

1）

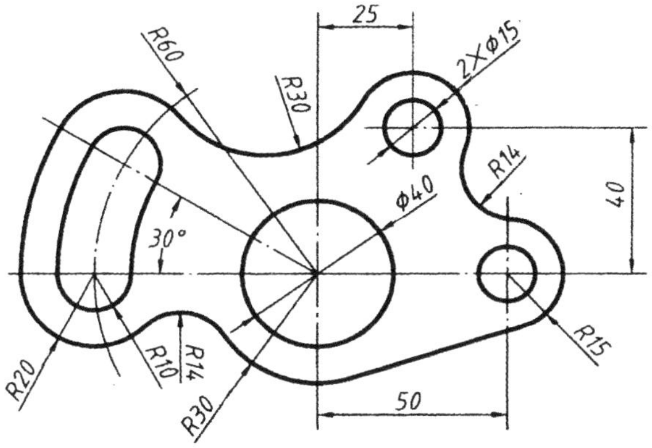

2）

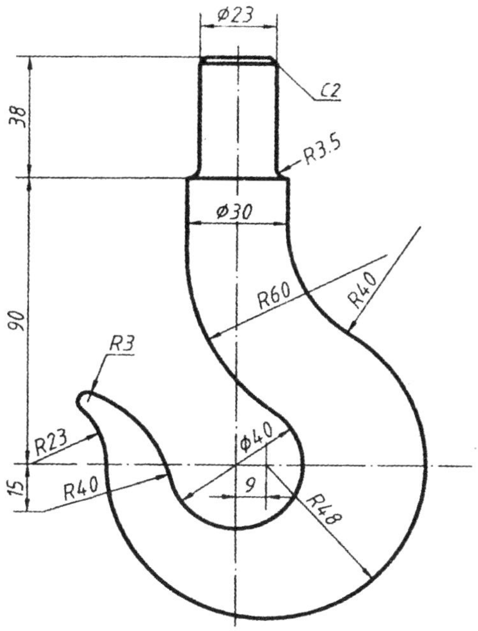

子学习情境 1.2　徒手绘制产品平面图形

1　徒手绘图的概念　2　徒手画直线的方法　3　徒手画圆、圆弧的方法　4　徒手画椭圆的方法和徒手绘制产品平面图形

1．资讯学习

（1）什么是徒手绘图？

（2）徒手画直线的方法？

（3）徒手画圆、圆弧的方法？

（4）徒手画椭圆的方法？

班级　　　　　　　　　　姓名　　　　　　　　　　学号

2．徒手画出下面的线型。

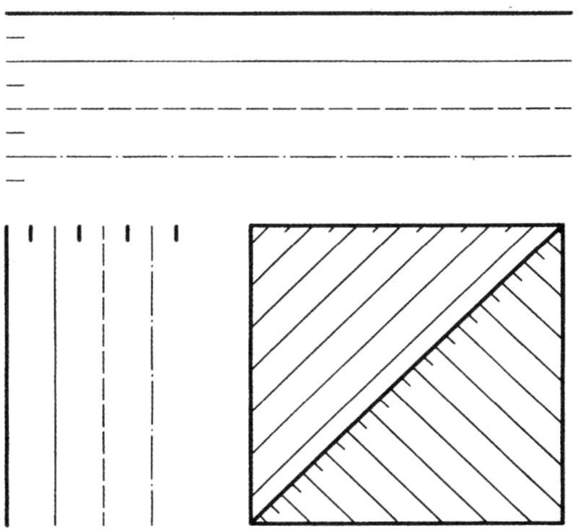

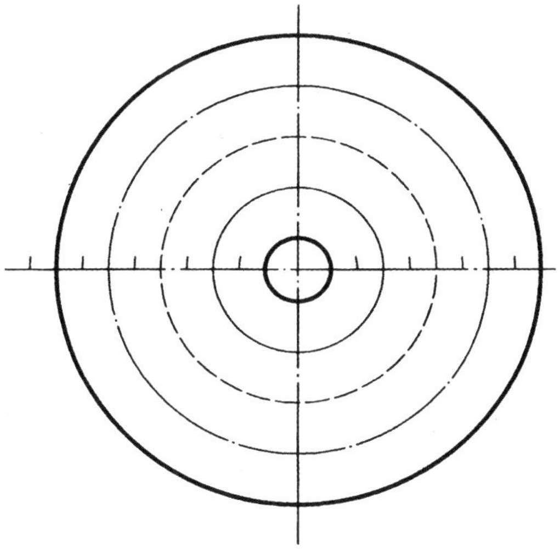

3．将上图徒手画在下边方格上，并标注尺寸。

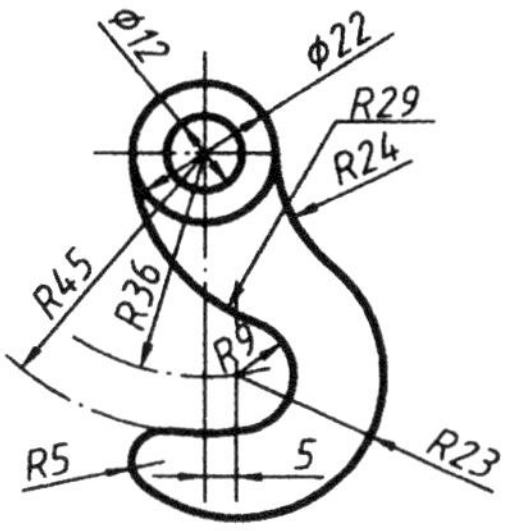

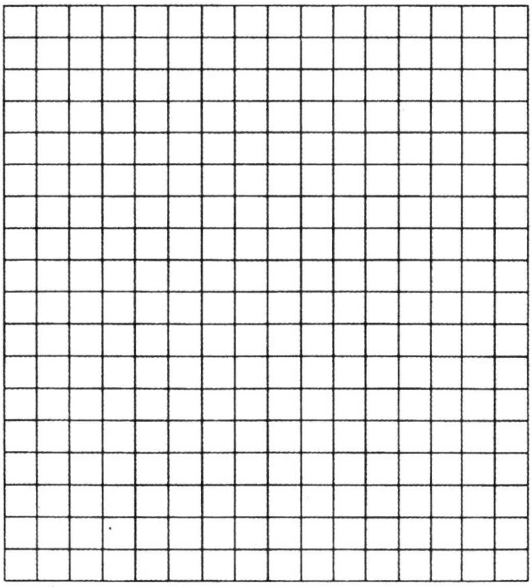

班级　　　　　　　　姓名　　　　　　　　学号

子学习情境 1.3 计算机绘制样板图和产品平面图形

1 图层设置和管理，文件的打开、关闭和保存 2 AutoCAD 的绘图命令

1．资讯学习

（1）什么是绝对坐标和相对坐标？

（2）画直线、圆和圆弧、矩形、正多边形应注意什么？

（3）画椭圆、应用样条曲线应注意什么？

（4）应用图案填充、多段线应注意什么？

（5）文字样式设置和输入应注意什么？

（6）尺寸标注样式设置、标注及编辑应注意什么？

班级 姓名 学号

3　AutoCAD编辑命令

1．资讯学习

（1）应用修剪、延伸、偏移编辑命令应注意什么？

（2）应用镜像、删除、阵列编辑命令应注意什么？

（3）应用复制、移动、旋转编辑命令应注意什么？

（4）应用打断、缩放、圆角编辑命令应注意什么？

（5）应用倒角、拉长及文本编辑命令应注意什么？

班级　　　　　　　　　　姓名　　　　　　　　　　学号

4 AutoCAD 绘制样板图和产品平面图形

1．资讯学习

（1）如何设置样板图的图幅？

（2）如何设置样板图的图层？

（3）如何设置样板图的文字样式？

（4）如何设置样板图的尺寸标注样式？

（5）如何画样板图的标题栏？

班级　　　　　　　　姓名　　　　　　　　学号

2．用 AutoCAD 绘制下面的平面图形

（1）

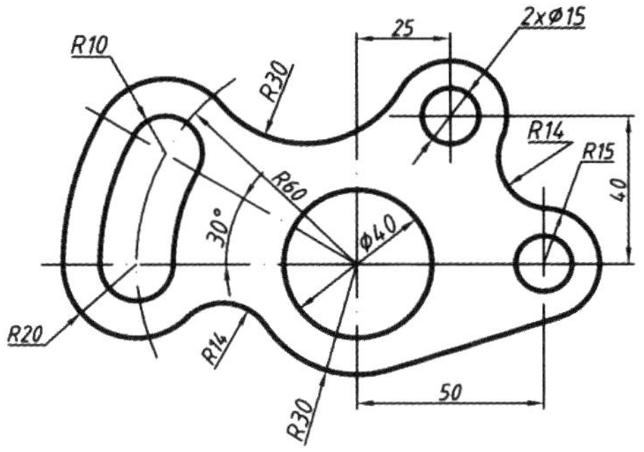

（2）

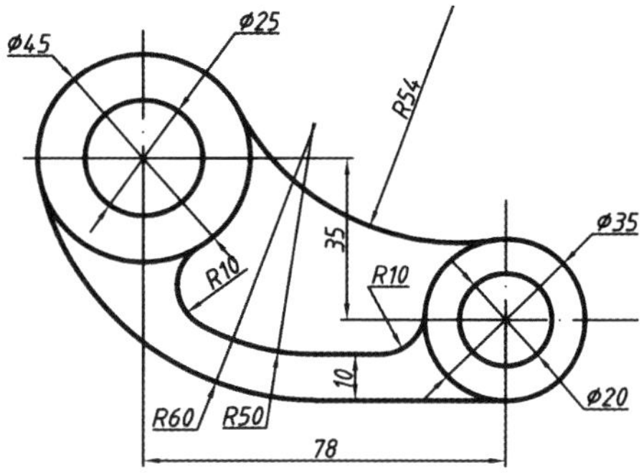

（3）

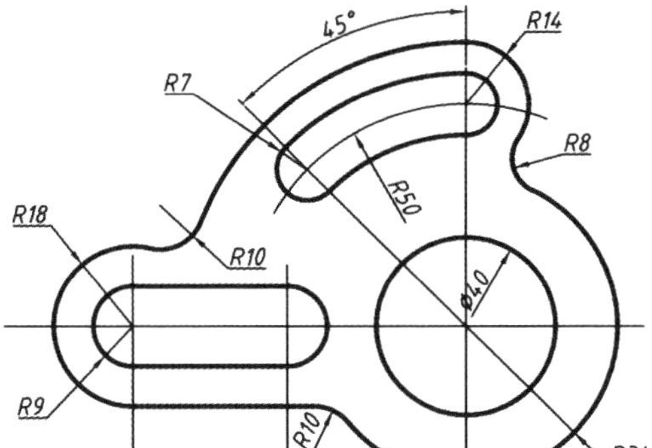

（4）

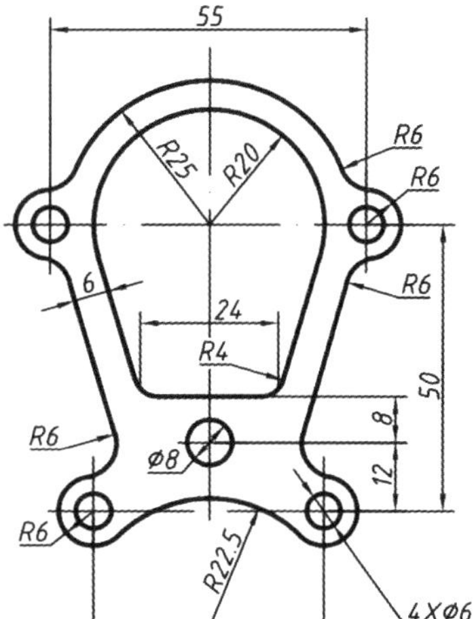

班级　　　　　　　　　　姓名　　　　　　　　　　学号

（5）

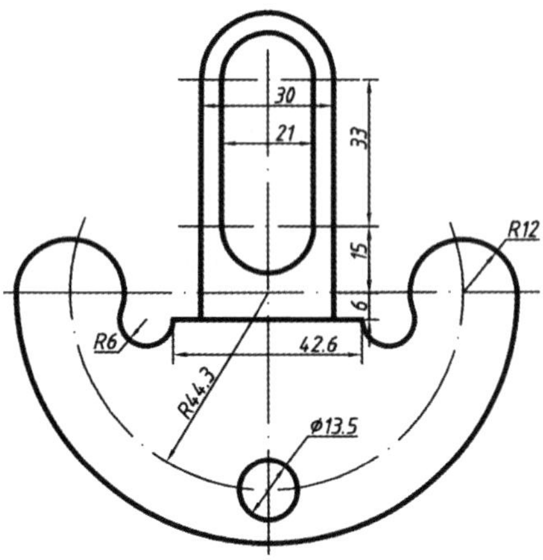
30
21
33
15
6
R12
R6
42.6
R44.3
φ13.5

（6）

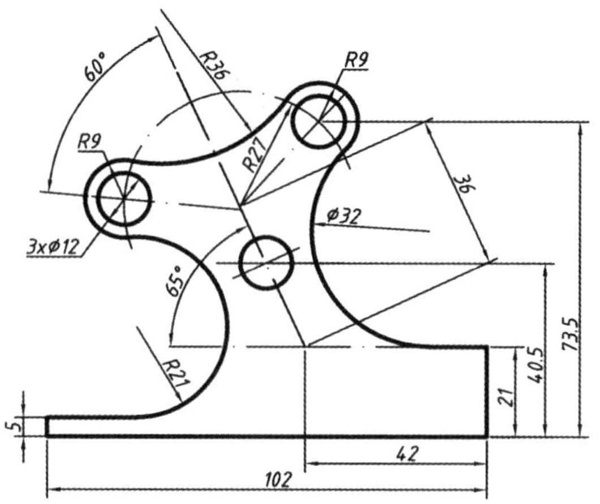
60°
R36
R9
R9
R27
36
φ32
3×φ12
65°
R21
73.5
40.5
21
5
42
102

（7）

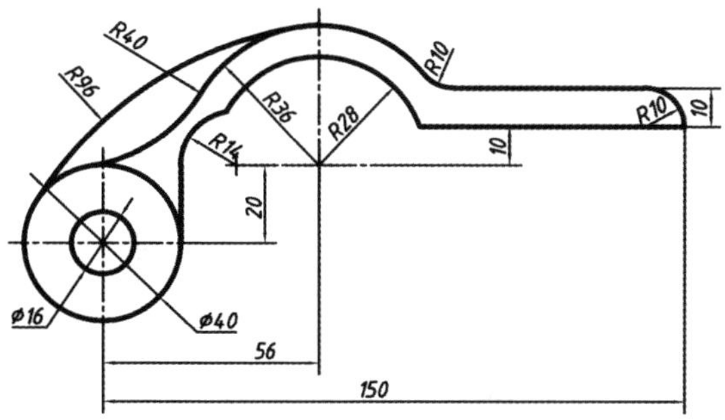
R40
R96
R10
R36
R28
R10
10
10
R14
20
φ16
φ40
56
150

（8）

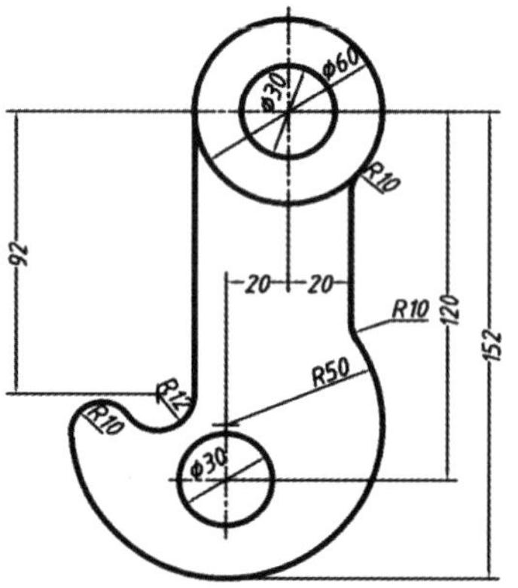
φ30
φ60
R10
92
20
20
R10
120
152
R50
R12
R10
φ30

班级　　　　　　　　　　　　姓名　　　　　　　　　　　　学号

（9）

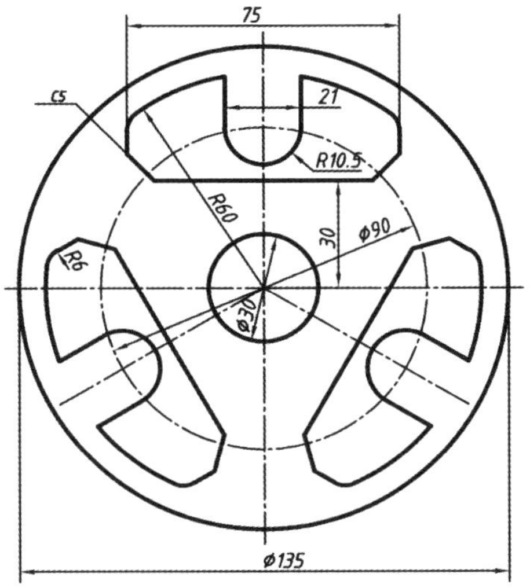
75
C5
21
R10.5
R60
30
Ø90
R6
Ø30
Ø135

（10）

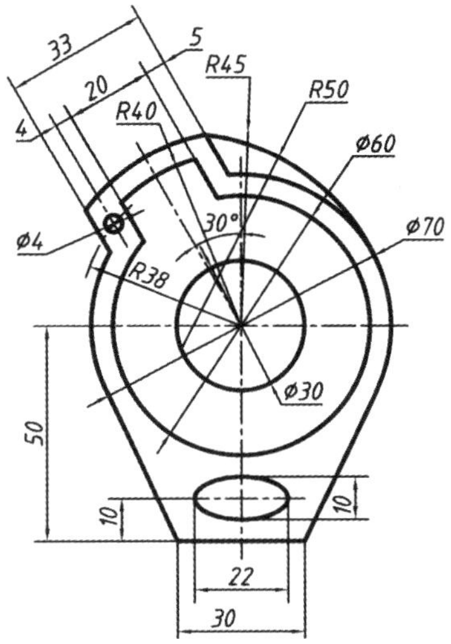
33
5
R45
20
R50
4
R40
Ø60
30°
Ø70
Ø4
R38
Ø30
50
10
10
22
30

（11）

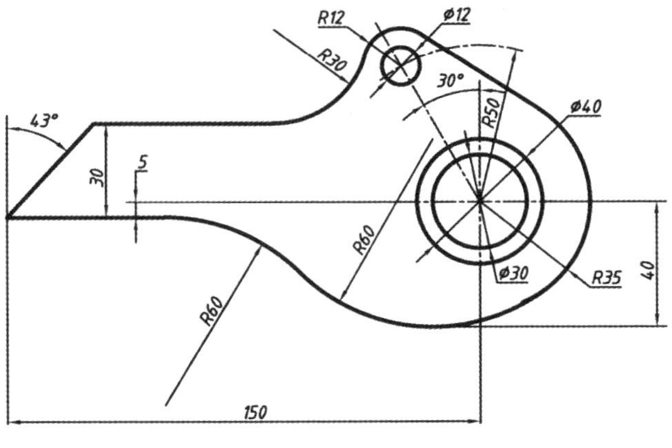
R12
Ø12
R30
30°
R50
Ø40
43°
30
5
R60
Ø30
R35
40
R60
150

（12）

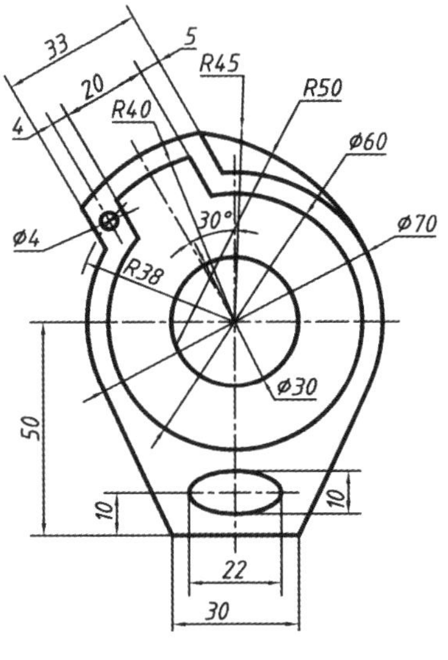
33
5
R45
20
R50
4
R40
Ø60
30°
Ø70
Ø4
R38
Ø30
50
10
10
22
30

（13）

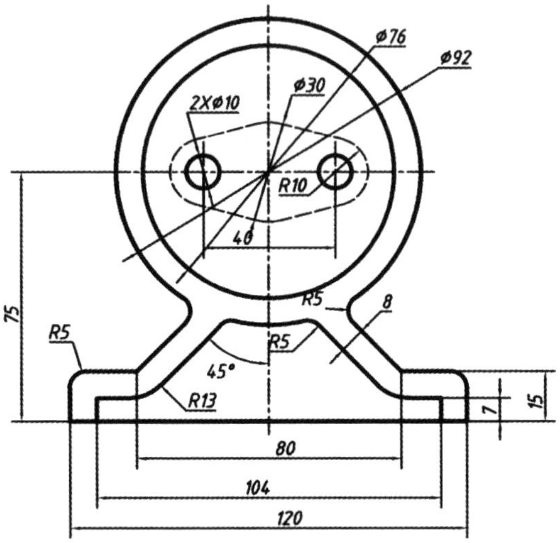

（14）

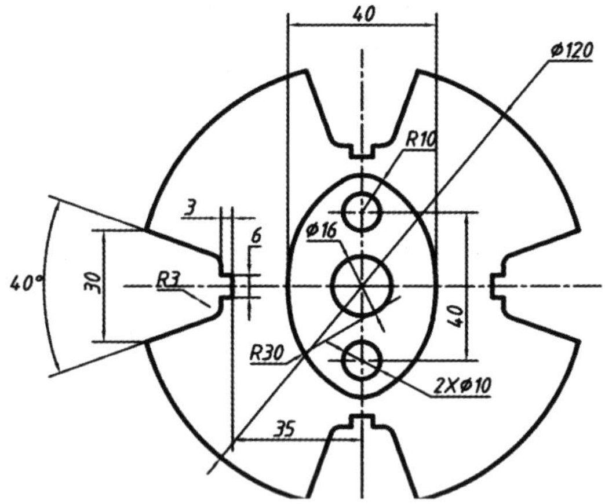

（15）

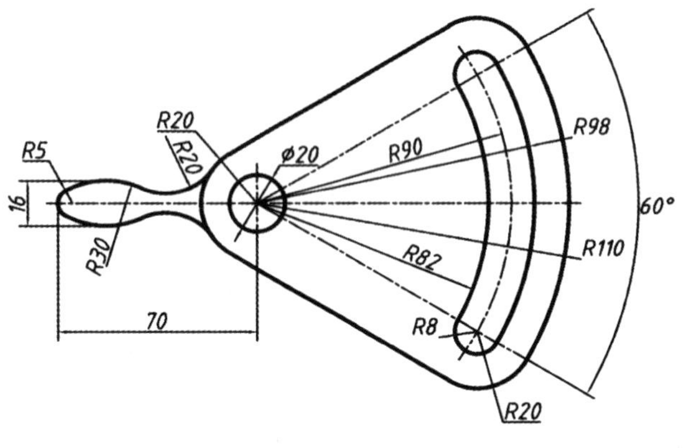

（16）

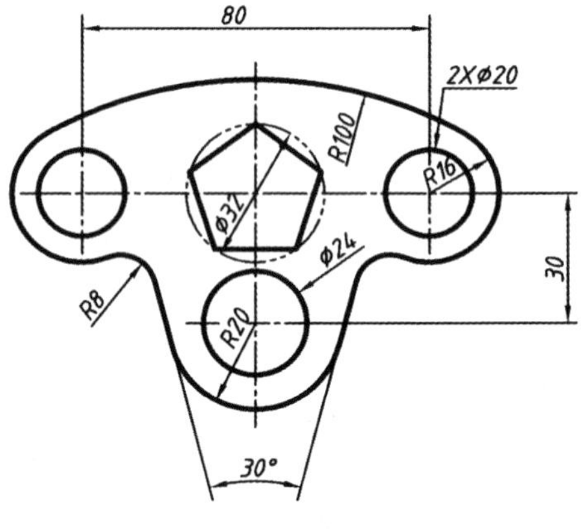

班级　　　　　　　　　　姓名　　　　　　　　　　学号

（17）

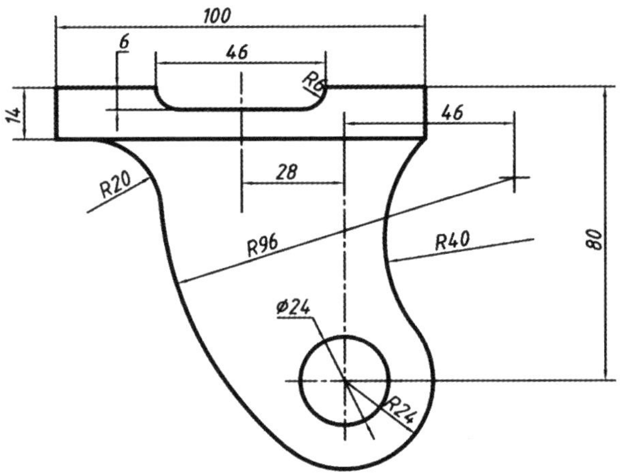
100
6
46
R6
14
46
28
R20
R96
R40
80
Ø24
R24

（18）

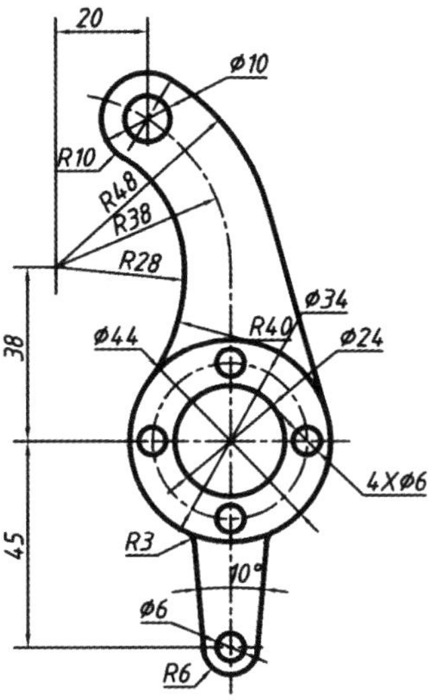
20
Ø10
R10
R48
R38
R28
Ø34
Ø44
R40
Ø24
38
4XØ6
45
R3
10°
Ø6
R6

学习情境2参考答案

学习情境2　组合体视图的识绘

子学习情境2.1　组合体的点、直线、平面的投影

1　投影法的种类和投影法的性质　2　三视图的形成及三视图的投影规律

1．资讯学习

（1）如何用唯物辩证法的观点来看待三视图的投影规律？

（2）什么是正投影法？正投影法的基本性质？

（3）视图的概念是什么？三视图是怎么形成的？

（4）三视图的投影规律（三等关系）是什么？三视图的方位关系是什么？

（5）三视图的方位关系与坐标之间的对应关系是什么？

（6）三视图的作图方法和步骤是什么？

2．画出下图所示的三视图，并标出三视图的方位（尺寸从图中量取，取整数）。

（1）

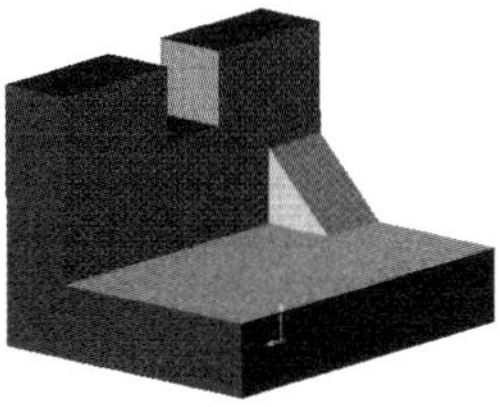

（2）

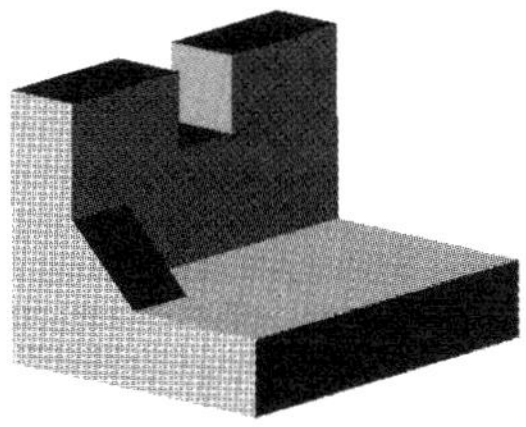

3．根据立体图补全三视图。

（1）

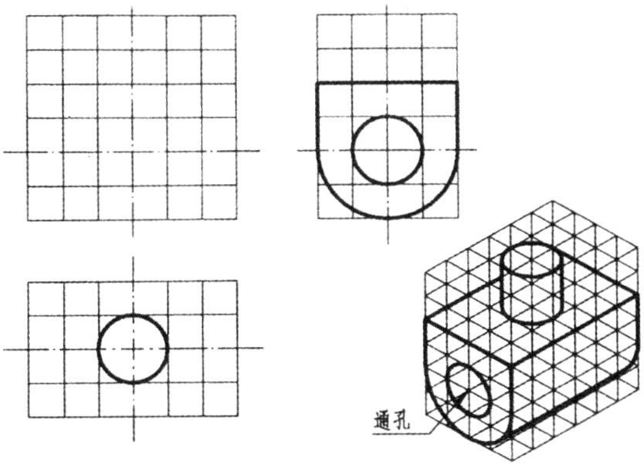

（2）

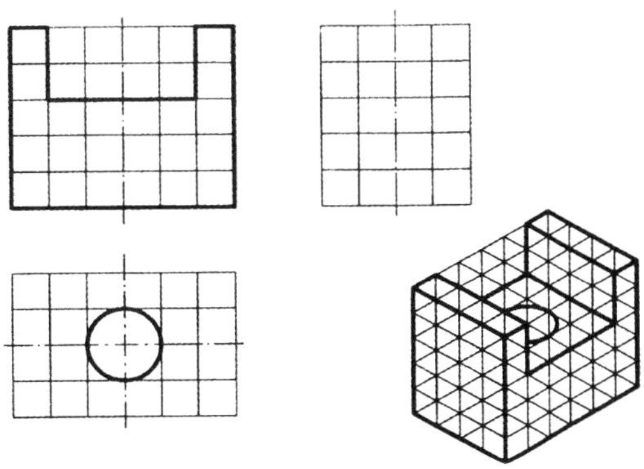

班级　　　　　　　　　　　　姓名　　　　　　　　　　　　学号

（3）

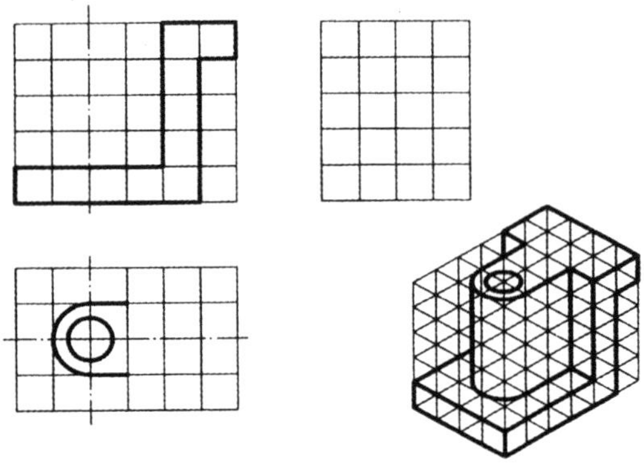

（4）

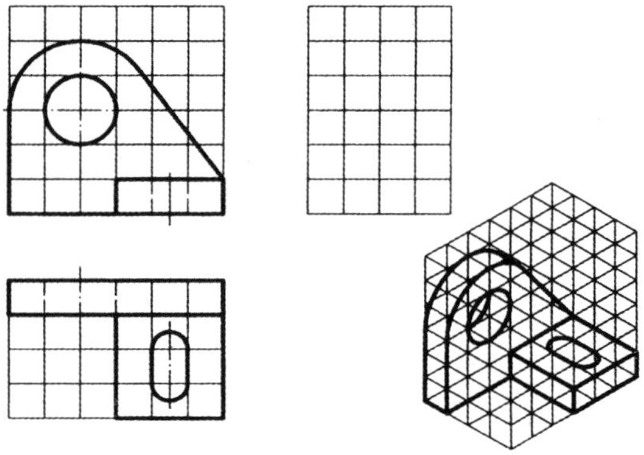

4．根据立体图按 1:1 画出三视图，尺寸从图中量取，取整数。

（1）

（2）

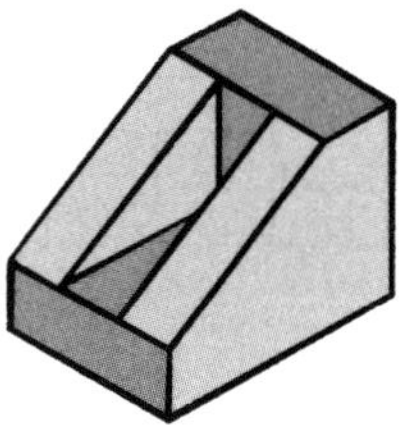

班级　　　　　　　　　　　　姓名　　　　　　　　　　　　学号

3　物体上的点、直线和平面的投影特性

1．资讯学习

（1）通过点的投影联系“滴水穿石”，谈谈你对“执着专注”的理解，并阐述如何在学习和生活中培养这种精神？

（2）物体上点的投影规律是什么？

（3）物体上直线的投影特性是什么？

（4）直线上点的投影有什么性质？

（5）两直线的相对位置有哪些？

（6）物体上平面的投影特性是什么？

班级　　　　　　　　　　　　姓名　　　　　　　　　　　　学号

2．点的投影。

（1）按立体图作各点的三面投影

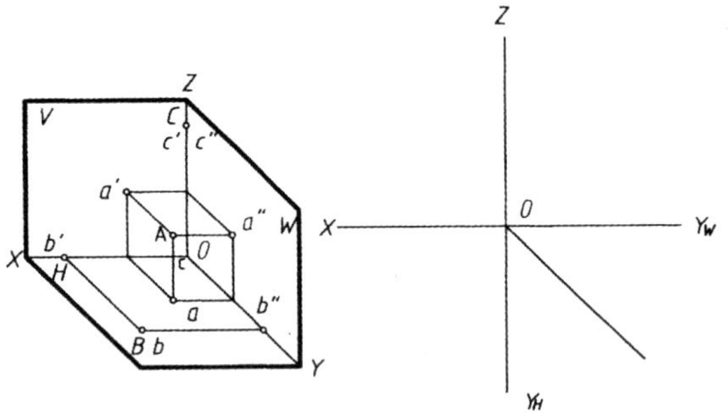

（2）作各点的三面投影：*a*（25,15,20），*b*（20,10,15），*c* 点在 *a* 点之左 15，*a* 点之前 10，*a* 点之上 13。

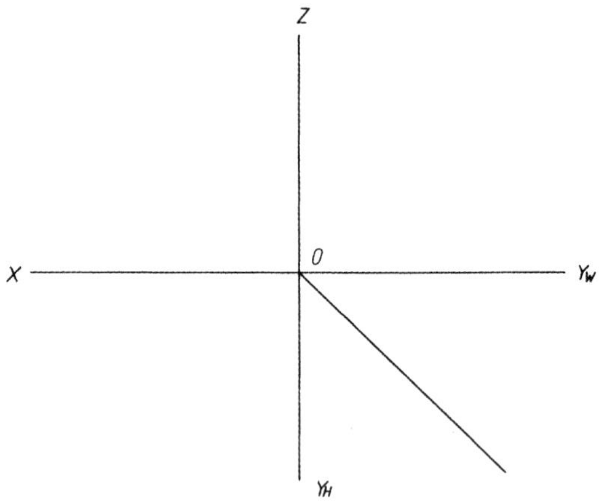

（3）点 *a* 位于点 *b* 之后、之下、之右皆为 10mm，求点 *a* 的三面投影。

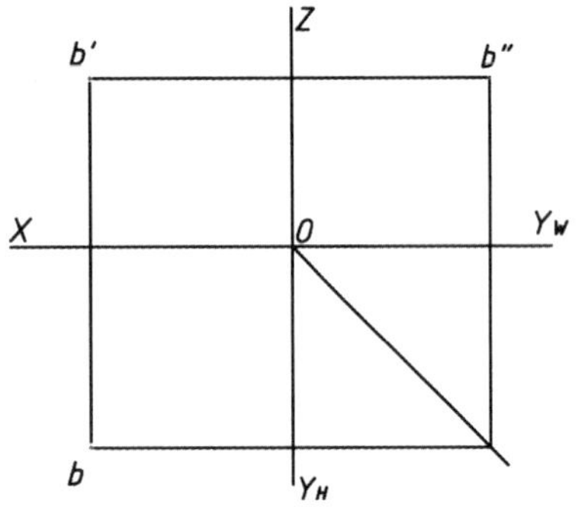

（4）已知：点 *a* 和点 *b* 与 *v*、*w* 面等距，并且点 *a* 在点 *b* 之下 10mm。求点 *a* 的三面投影。

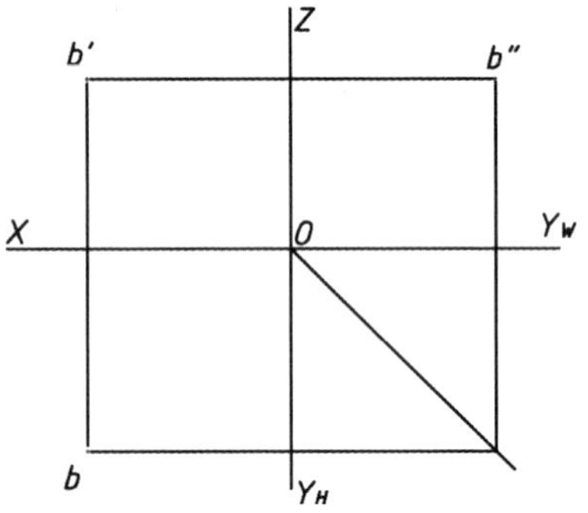

3．直线的投影。

（1）求下列直线的第三面投影，并判断它们的空间位置。

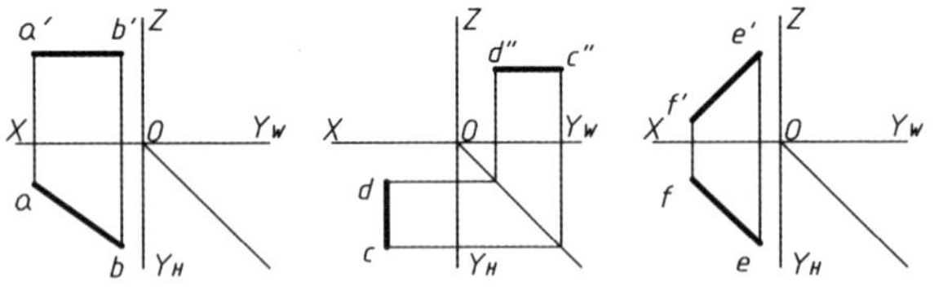

ab 是______线　　*cd* 是______线　　*ef* 是______线

（2）已知：点 *c* 在 *ab* 上，且 *ac*=10mm。点 *c* 的两面投影。

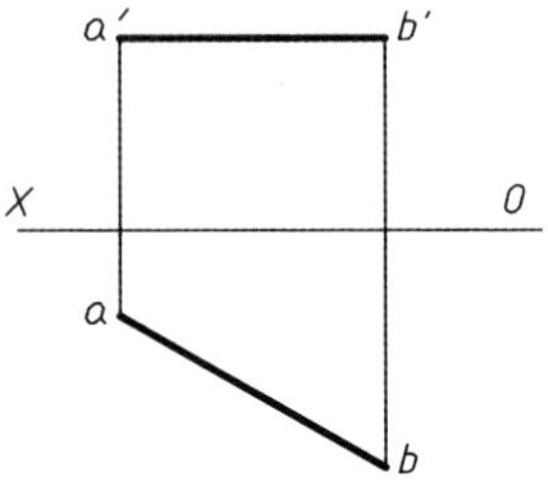

班级　　　　　　　　　　姓名　　　　　　　　　　学号

（3）已知：点 c 在 ab 上，且 ac：cb =2∶1。求：点 c 的两面投影。

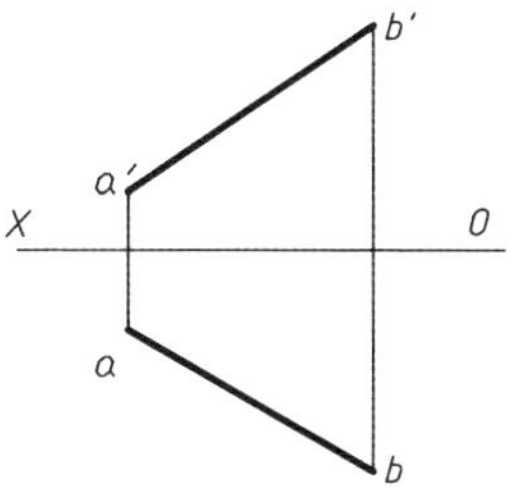

（4）分别判断下列两直线的相对位置。

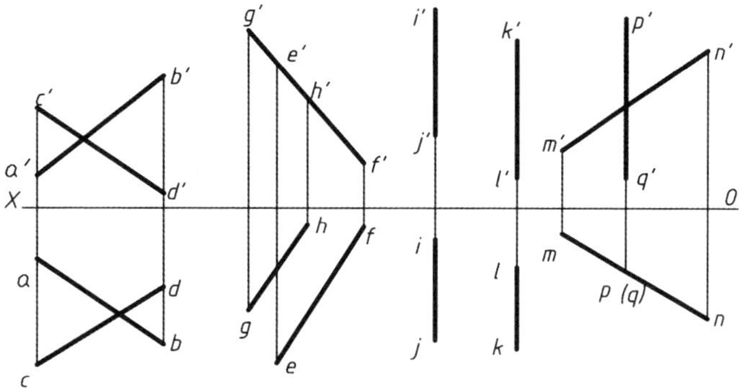

ab____cd　　ef____gh　　ij____lk　　mn_____pq

（5）已知：直线 ab 平行 cd，且 cd=15mm。求：cd 的两面投影。

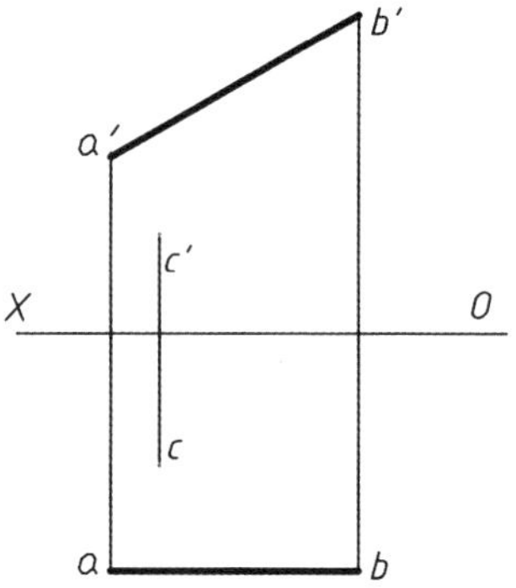

（6）作一水平线 mn 与下列三直线均相交。

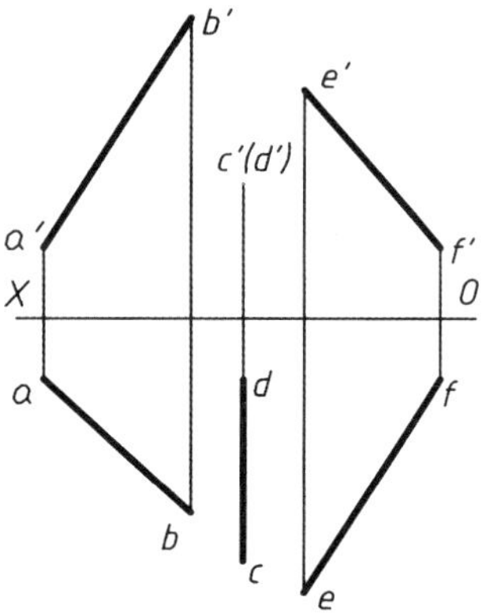

4．平面的投影。求下列平面的第三面投影，并判断它们的空间位置。

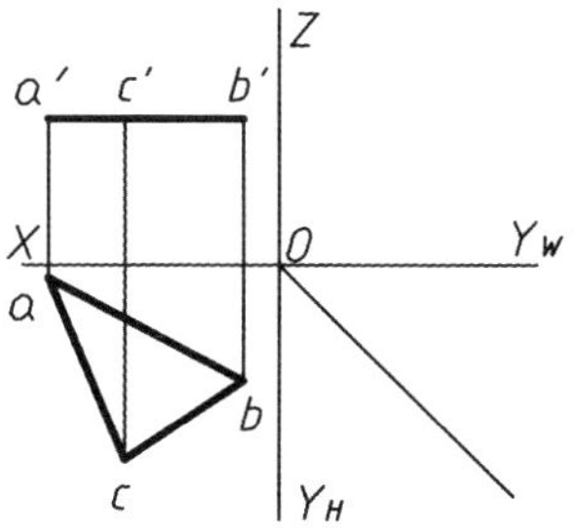

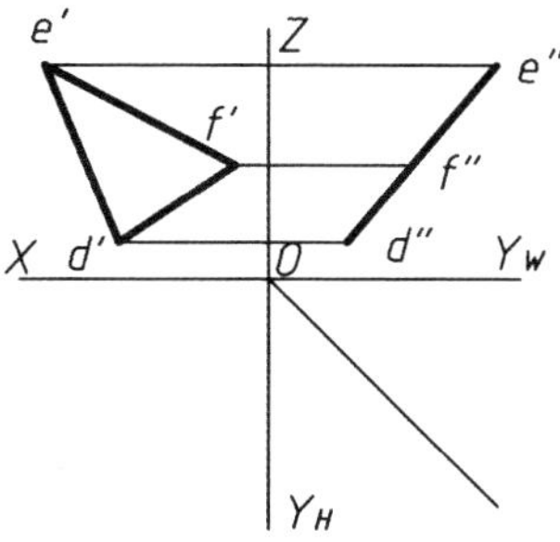

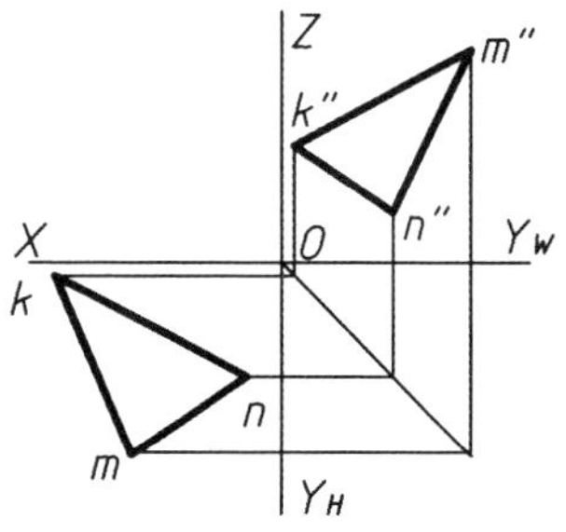

abc 是______面　　def 是______面　　kmn 是______面

5．根据立体图在三视图中标出点和直线的相应投影，并填空。

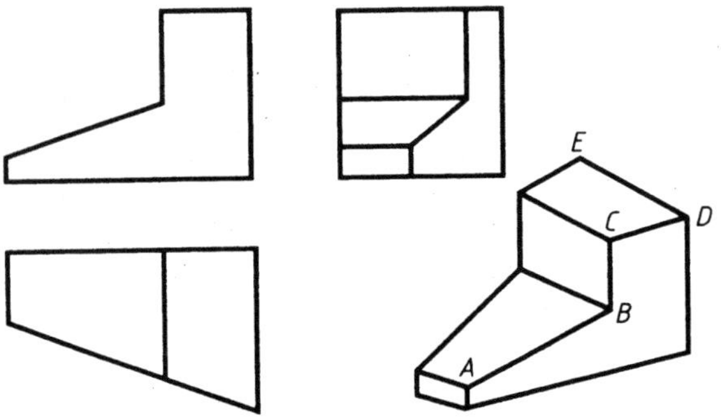

B 和 *C* 是________点，*E* 和 *D* 是________点，*AB* 是________线，*BC* 是________线，*CD* 是________线，*ED* 是________线。

6．标注 *A*、*B*、*C* 三面在另外两视图中的投影，并填空，说明它们相对投影面的位置。

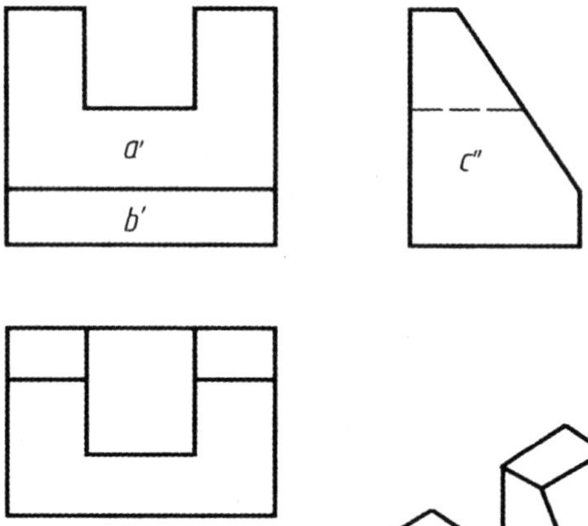

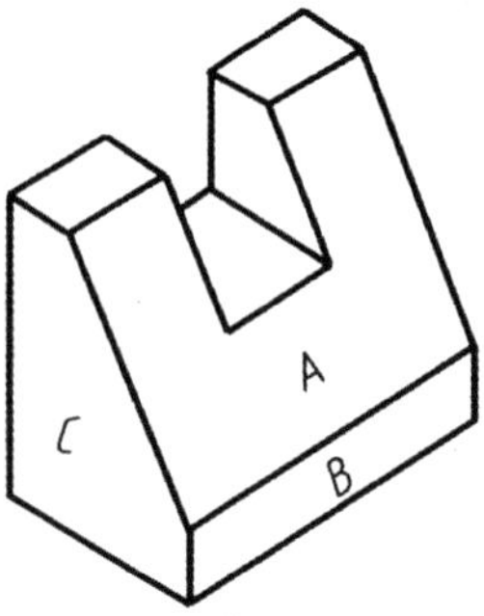

A 面是__________

B 面是__________

C 面是__________

班级　　　　　　　　　　姓名　　　　　　　　　　学号

子学习情境 2.2　组合体的基本几何体的投影

1　平面立体及表面上点的投影　2　曲面立体及表面上点的投影

1．资讯学习

（1）结合组合体的基本几何体的投影，谈谈如何培养正确的人生观、世界观和价值观？

（2）棱柱表面上点的投影及可见性判断如何？

（3）棱锥表面上点的投影及可见性判断如何？

（4）圆柱表面上点的投影及可见性判断如何？

（5）圆锥表面上点的投影及可见性判断如何？

班级　　　　　　　　　　姓名　　　　　　　　　　学号

2．根据曲面立体的两视图，补画第三视图。

（1）

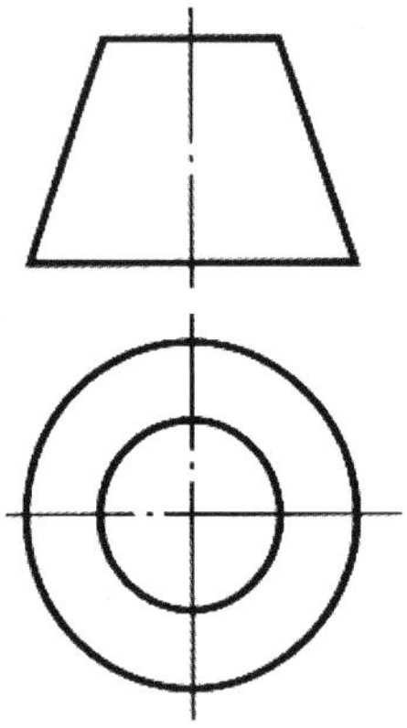

（2）

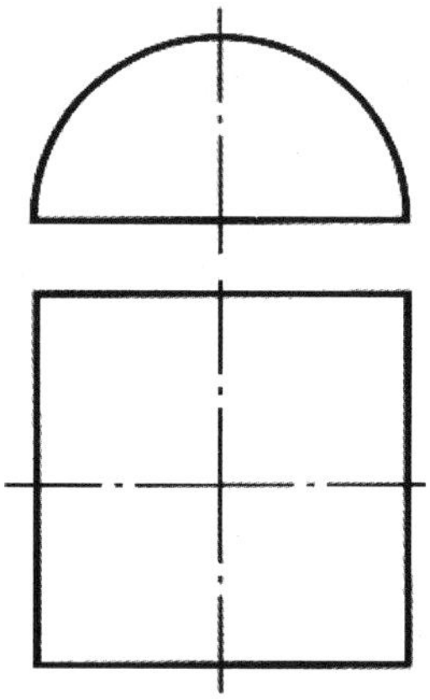

（3）

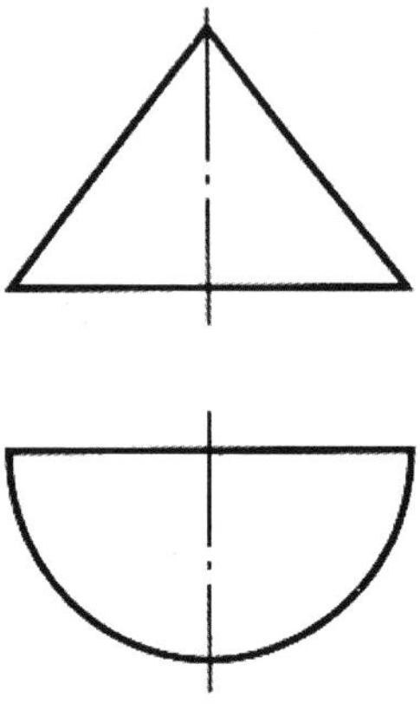

（4）

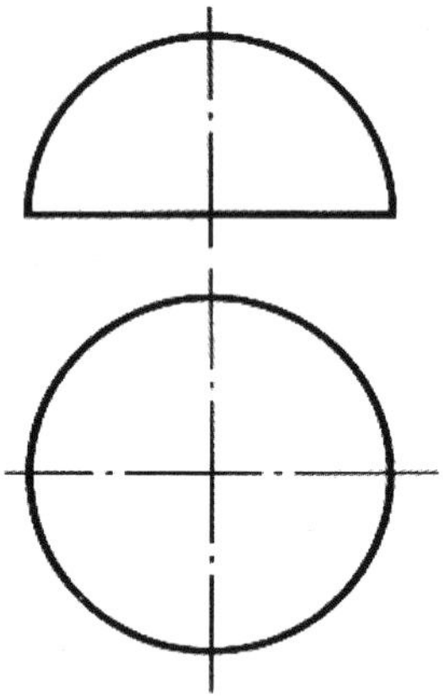

班级　　　　姓名　　　　学号

3．求作立体表面点的另两个投影。

（1）

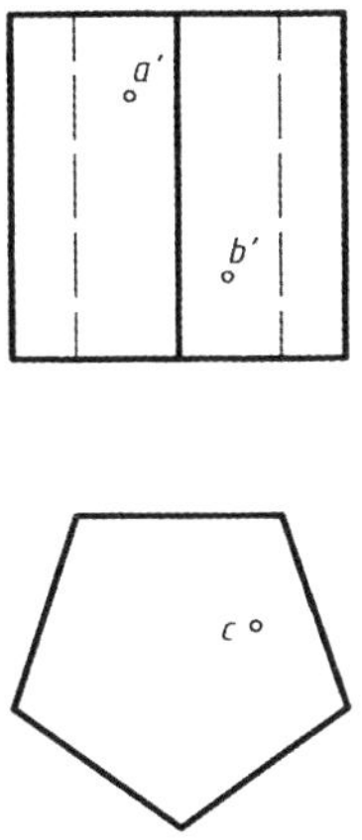

（2）

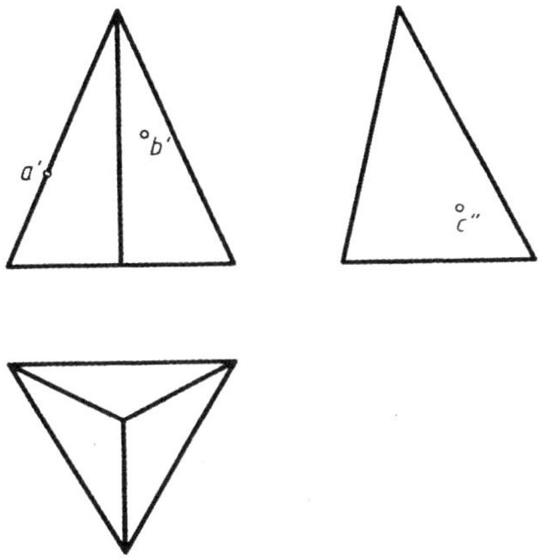

（3）

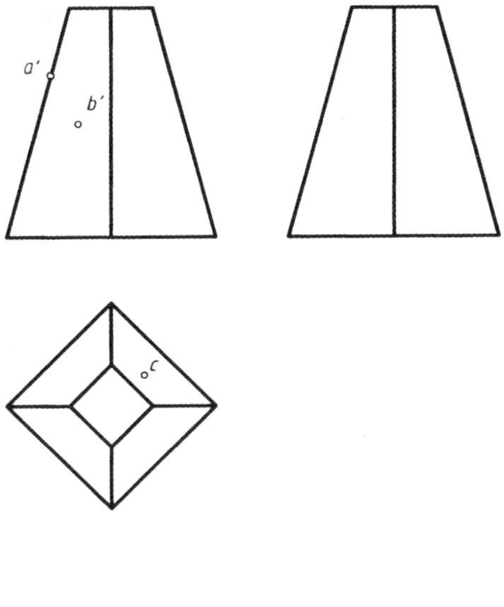

（4）

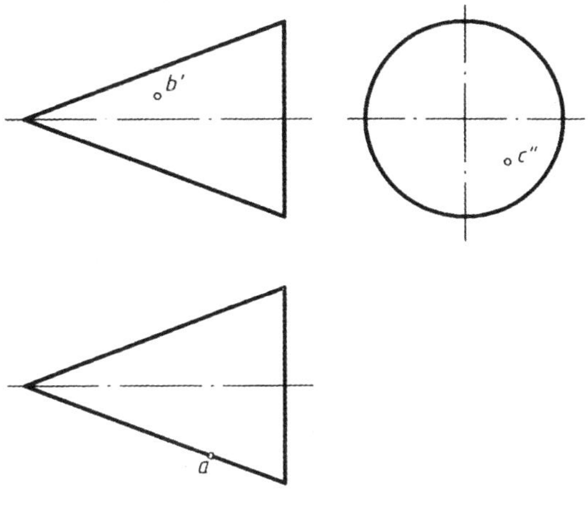

班级　　　　　　　　　　姓名　　　　　　　　　　学号

4．画出立体的第三面投影，并求表面上 *a*、*b* 两点的其余两投影，保留作图线。

（1）

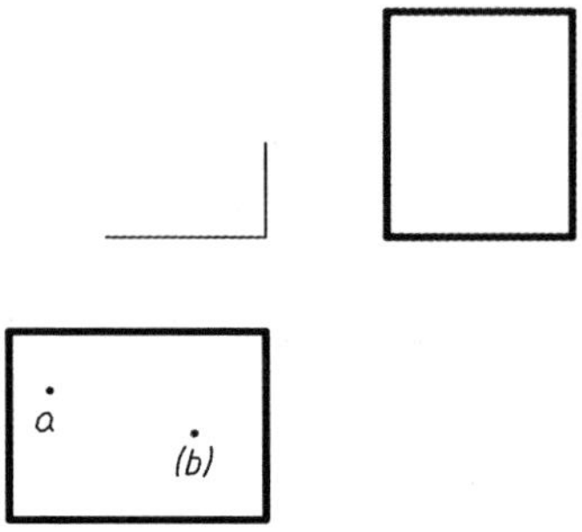

（2）

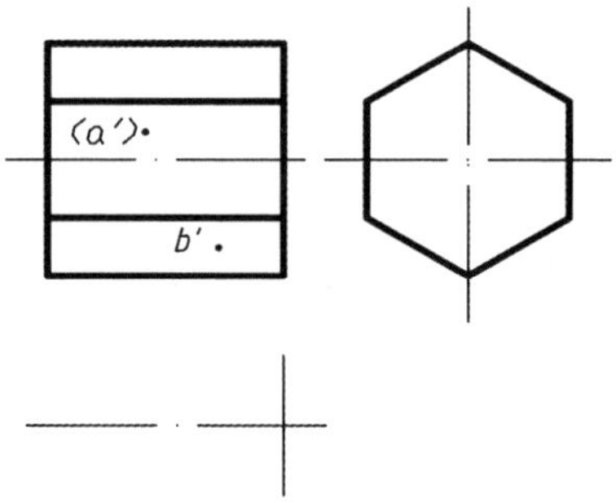

（3）

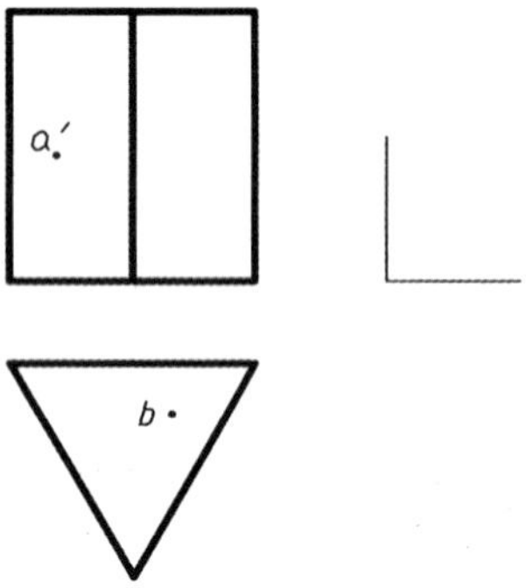

（4）

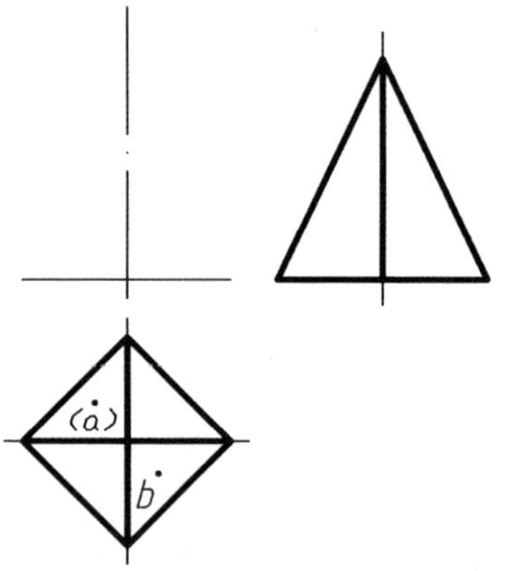

（5）

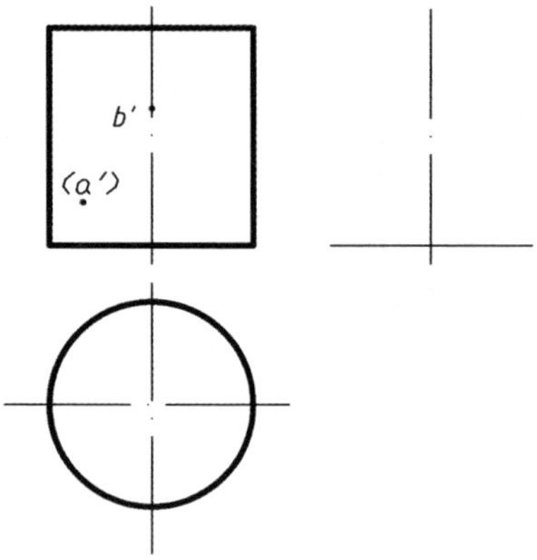

（6）

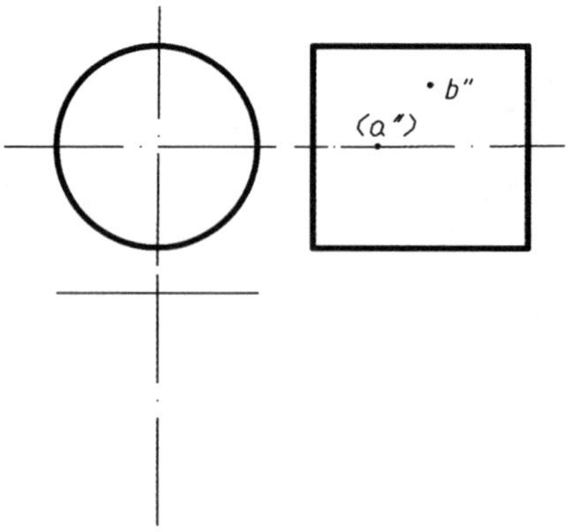

班级　　　　　　　　姓名　　　　　　　　学号

子学习情境 2.3　组合体的截交线的投影

1　截交线的概念和性质　2　平面立体截交线的投影　3　曲面立体截交线的投影

1．资讯学习

（1）结合圆锥和球的截交线的投影，谈谈你对“取长补短”的理解，并阐述如何在学习和生活中践行这一原则？

（2）截交线的性质有哪些？

（3）求平面立体截交线的方法和步骤是什么？

（4）求曲面立体截交线的方法和步骤是什么？

班级　　　　　　　　　　姓名　　　　　　　　　　学号

2．分析下列各平面立体的截交线，并补全平面立体的三面投影。

（1）

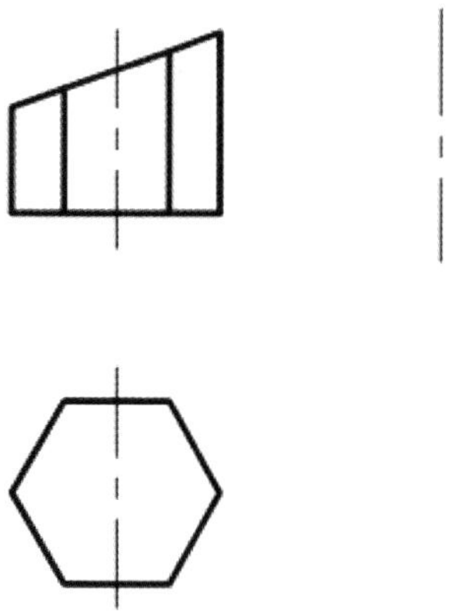

（2）

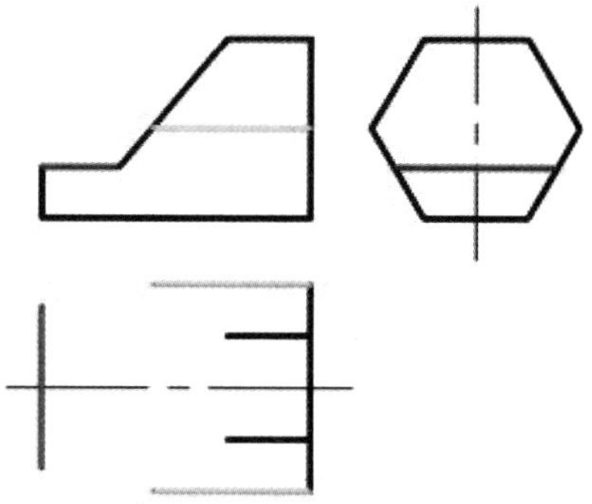

（3）

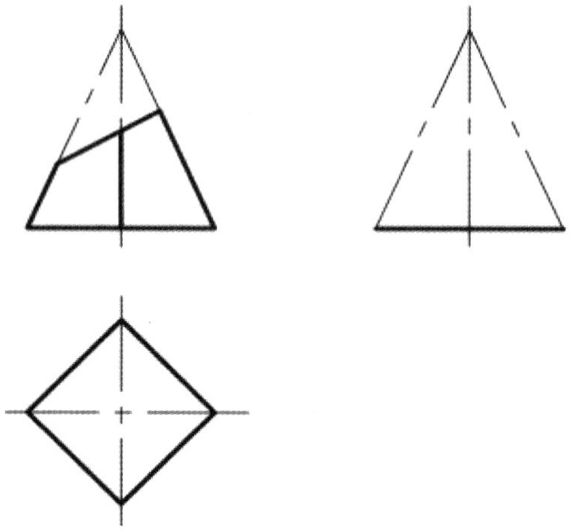

（4）

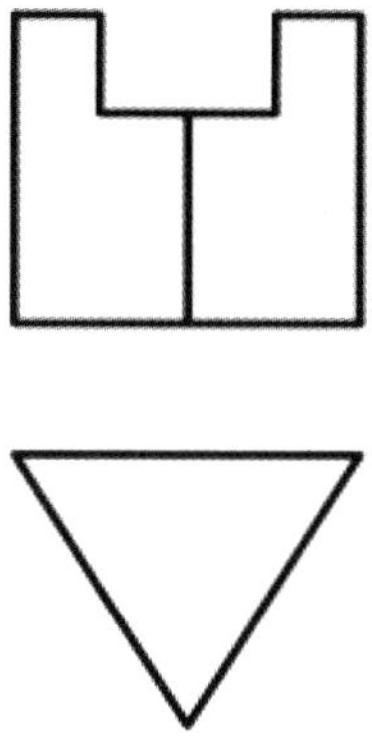

（5）

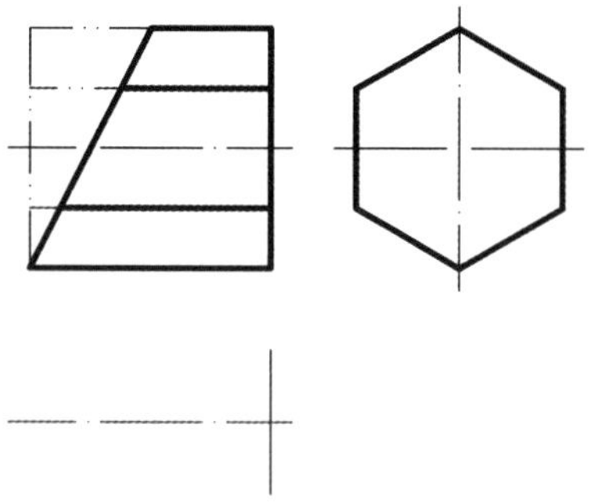

（6）

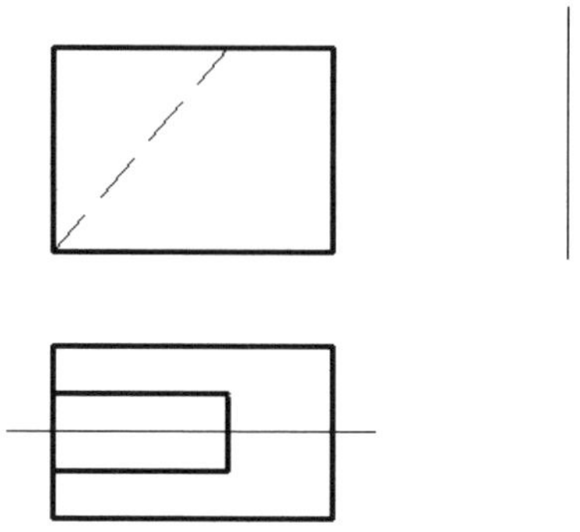

班级　　　　　　　　　　姓名　　　　　　　　　　学号

3．分析下列各曲面立体的截交线，并补全曲面立体的三面投影。

（1）

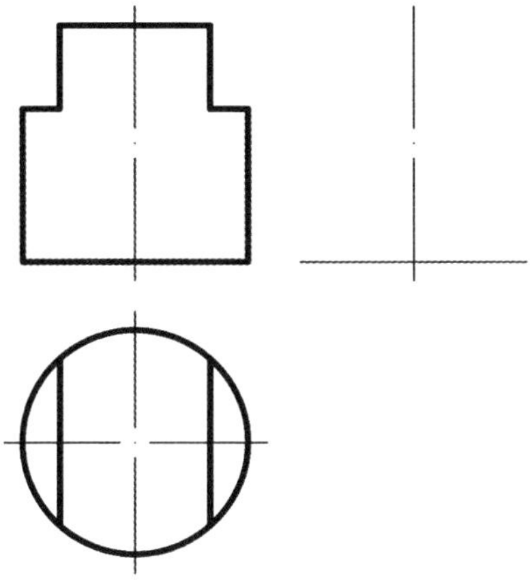

（2）

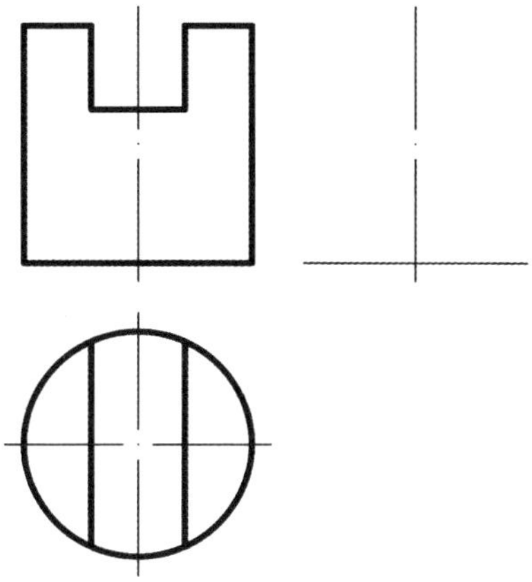

（3）

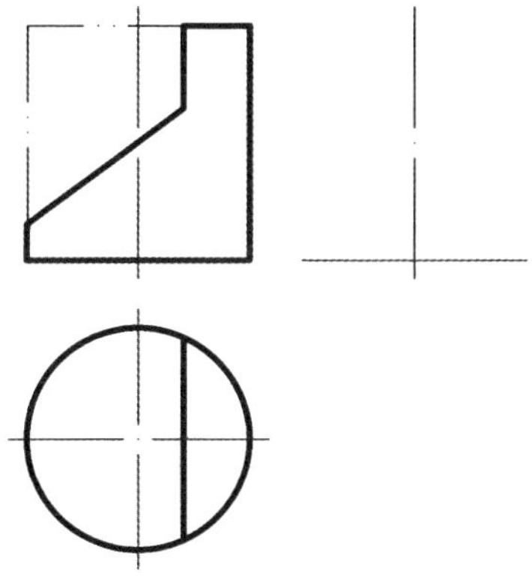

（4）

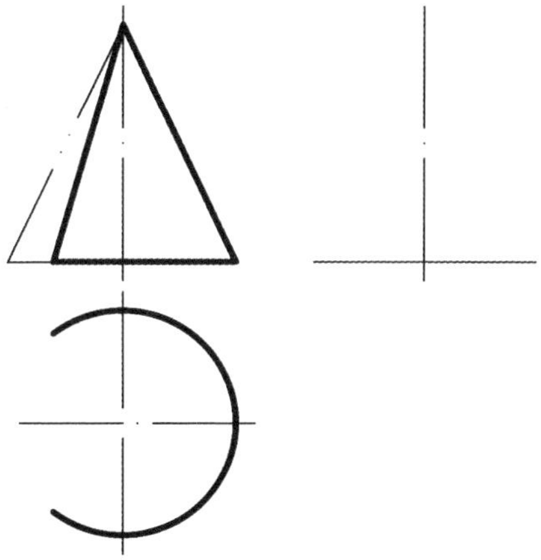

（5）

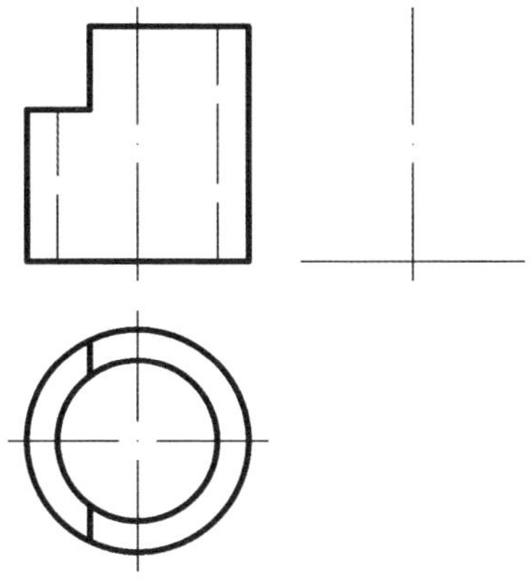

（6）

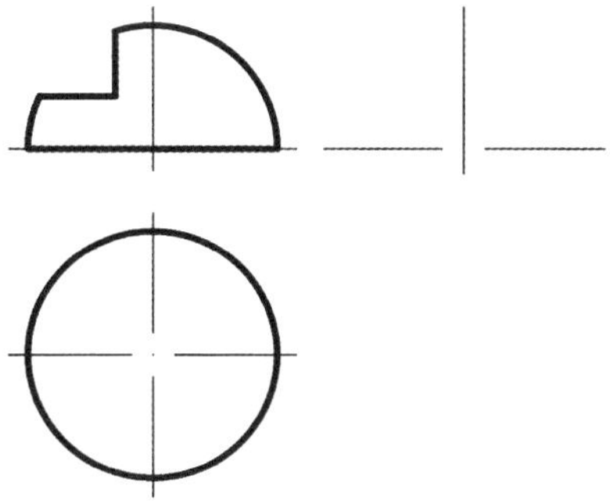

班级　　　　　　　　姓名　　　　　　　　学号

子学习情境 2.4 组合体的相贯线的投影

1 相贯线的基本概念和性质 2 组合体的相贯线（两圆柱轴线垂直且相交）

1．资讯学习

（1）结合相贯线的投影，谈谈你对“和谐友善”的理解，并阐述如何在学习和生活中培养和践行这一价值观？

（2）相贯线的性质有哪些？

（3）求相贯线的方法和步骤如何？

（4）如何判别相贯线的可见性？

（5）相贯线的三种形式如何？

班级　　　　　　　　姓名　　　　　　　　学号

2．分析下列各曲面立体的相贯线，并补全各面投影。

（1）

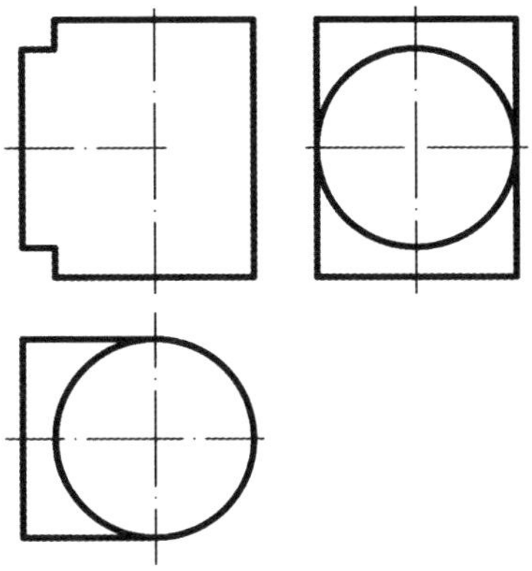

（2）

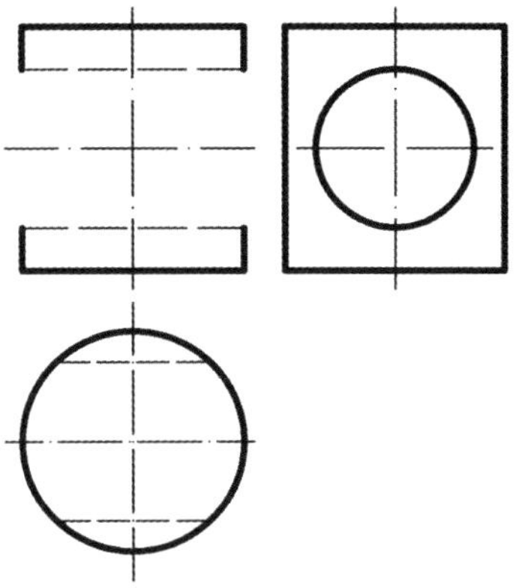

（3）

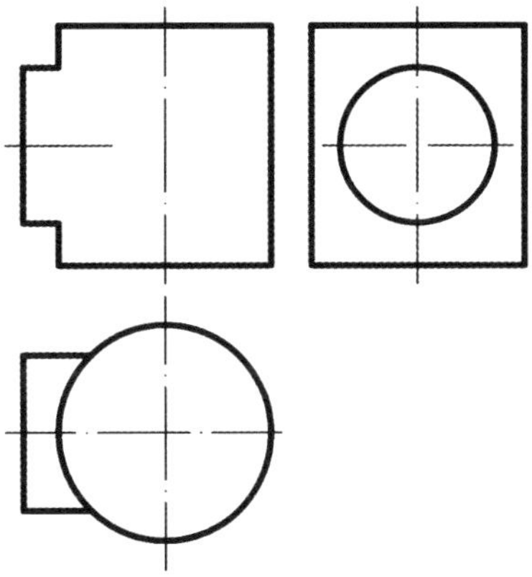

（4）

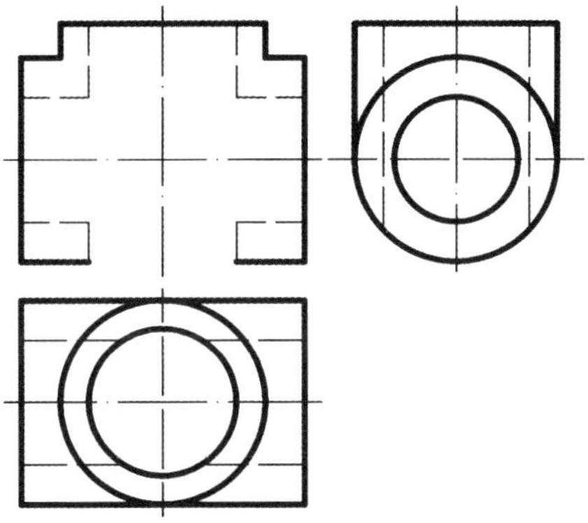

（5）

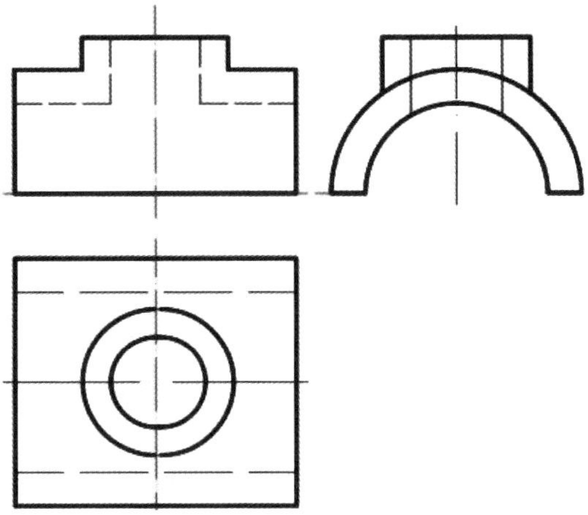

（6）

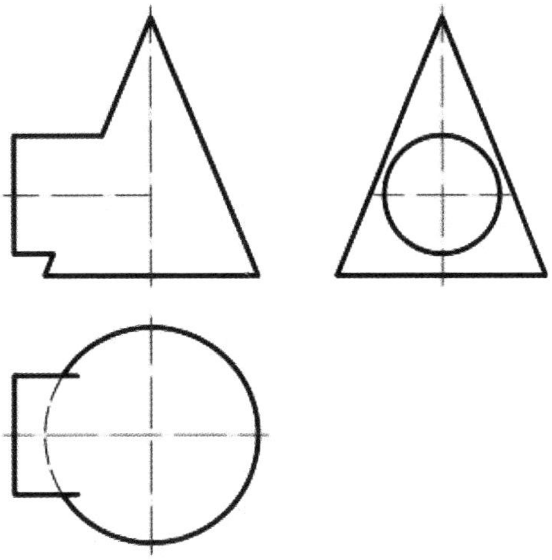

班级　　　　　　　　　　　　　　姓名　　　　　　　　　　　　　　学号

子学习情境 2.5　组合体的视图

1　组合体的组合形式及形体分析法和线面分析法的概念

1．资讯学习

（1）组合体的组合形式有哪些？

（2）组合体表面间的相对位置关系有哪些？

（3）形体分析法的概念是什么？

（4）线面分析法的概念是什么？

班级　　　　　　　　　　姓名　　　　　　　　　　学号

2．分析下列图形，并在括号内填入相应的组合形式。

（1）

组合形式（　　　　）。

（2）

组合形式（　　　　）。

（3）

组合形式（　　　）。

（4）

组合形式（　　　　）。

3．指出下列图形的表面连接情况。

（1）

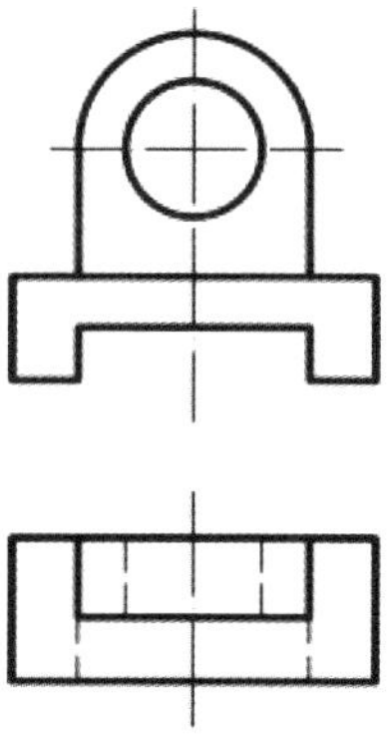

表面（　　　），画图时（　　　）。

（2）

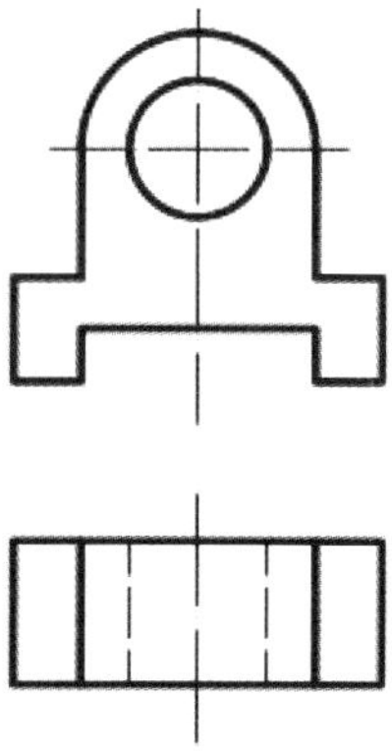

表面（　　　），画图时（　　　）。

（3）

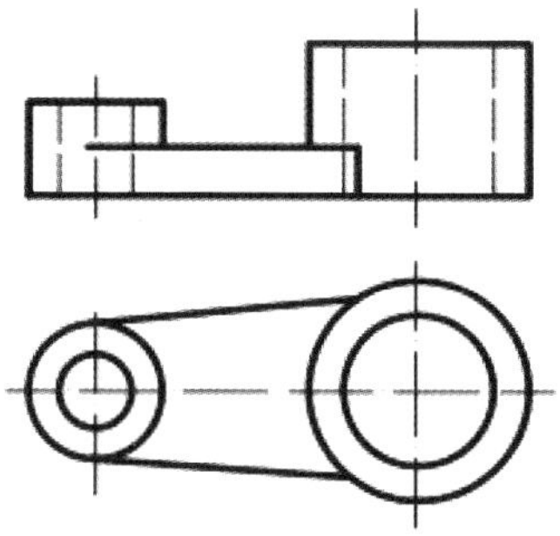

两形体（　　　），相交处（　　　　）。

（4）

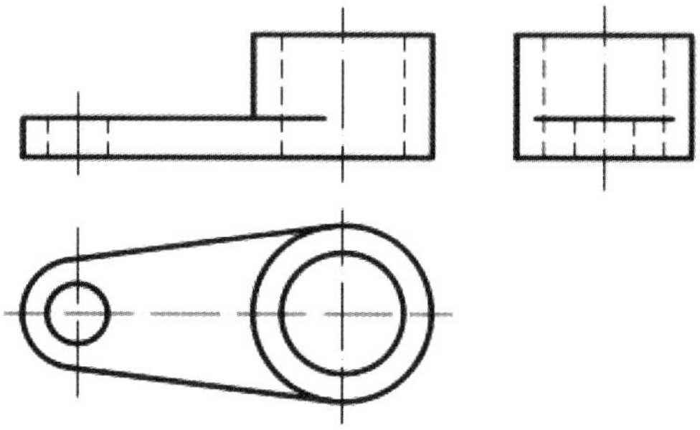

两形体（　　　），相切处应（　　　　　　　）。

班级　　　　　　　　姓名　　　　　　　　学号

2 组合体视图的画法和识读

1．组合体的画法资讯学习

（1）通过对组合体视图的画法和识读的学习，请结合个人实际，谈谈你对人生目标和职业规划的理解，并阐述如何通过努力学习来实现自己的人生目标和职业规划？

（2）形体分析法画组合体的步骤是什么？

（3）线面分析法画组合体的步骤是什么？

班级 姓名 学号

2．由三视图想象物体的形状，并在三视图的括号内填上与立体图相对应的编号。

（1）

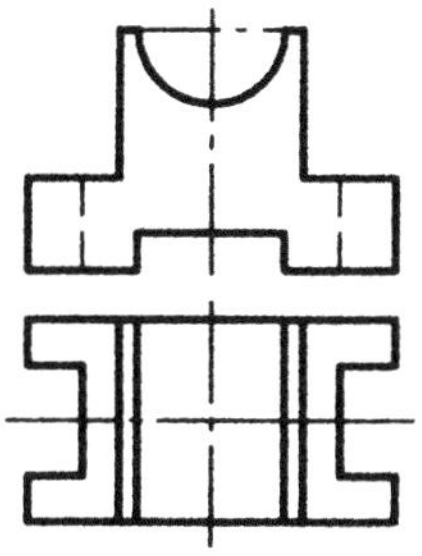

（　　）

（2）

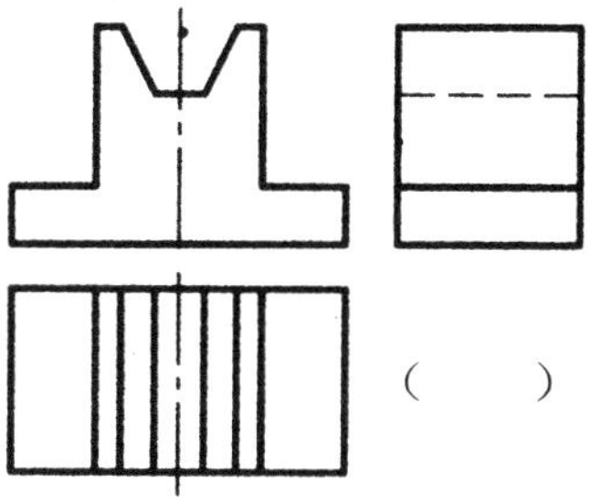

（　　）

（3）

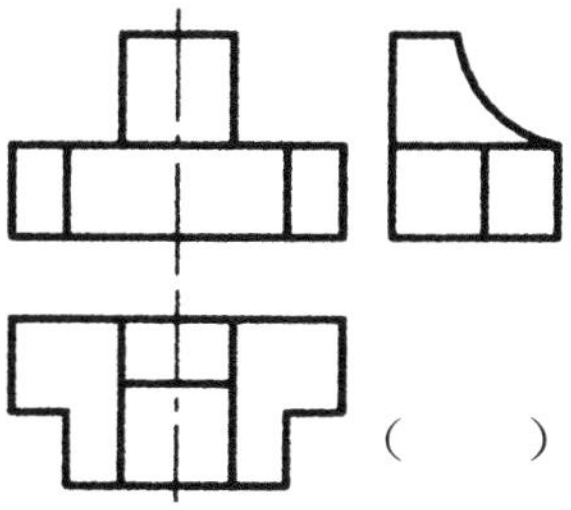

（　　）

（4）

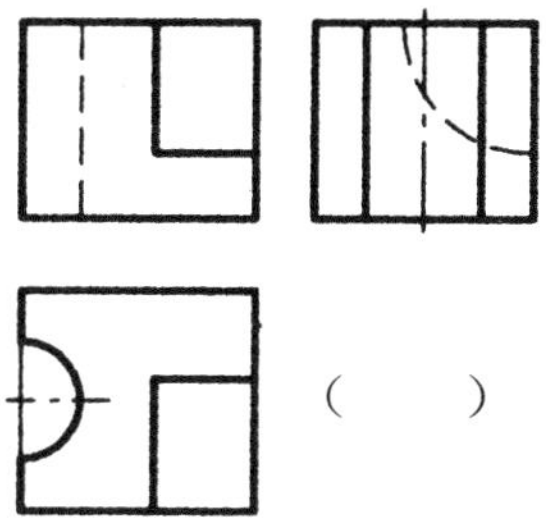

（　　）

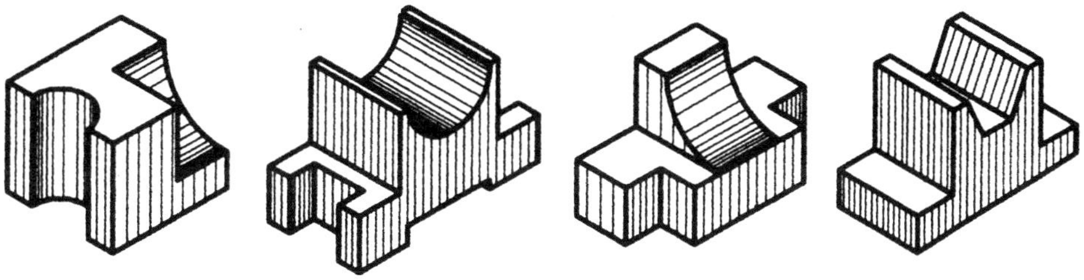

1　　2　　3　　4

3．画出下列立体图形的三视图，尺寸由立体图量取。

（1）

（2）

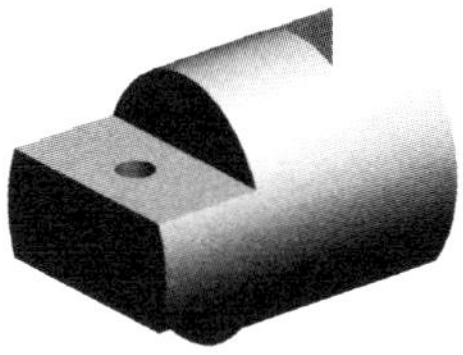

班级　　姓名　　学号

2 组合体视图的画法和识读

1. 组合体的识读资讯学习

（1）读组合体的要领如何？

（2）读组合体的基本方法有哪些？

（3）形体分析法读组合体的步骤是什么？

（4）线面分析法读组合体的步骤是什么？

（5）读组合体时，什么情况下用形体分析法？什么情况下用线面分析法？

2．找出下列图中组合体各部分的投影，并判断其相对位置，将同一部分的序号填写在空白圆圈内；将相对位置填写在三视图右下角的空白圆圈内。

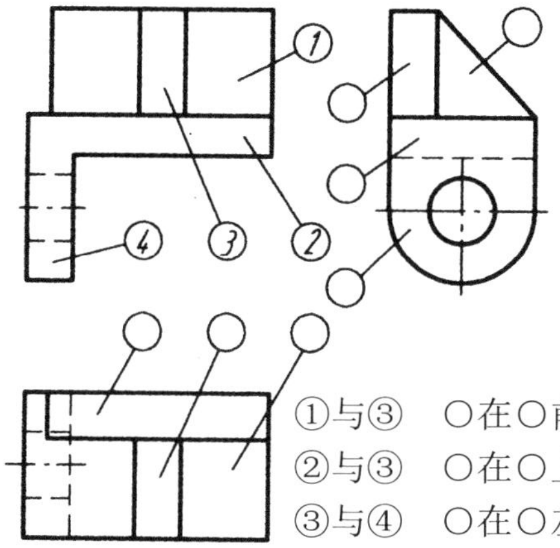

①与③　○在○前；
②与③　○在○上；
③与④　○在○左。

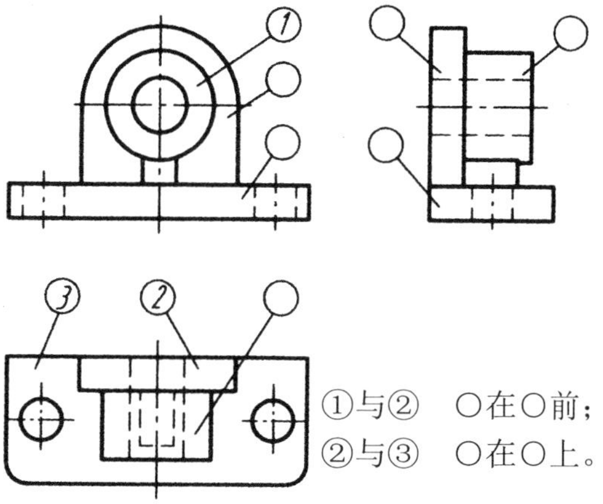

①与②　○在○前；
②与③　○在○上。

3．在如下三视图中，从左视图可看出，物体分为（　　）部分，*A* 为（　　）；*B* 的特征形状可从（　　）视图看出，对应的立体图是（　　）；*C* 的特征形状可从（　　）视图看出，对应的立体图是（　　）。

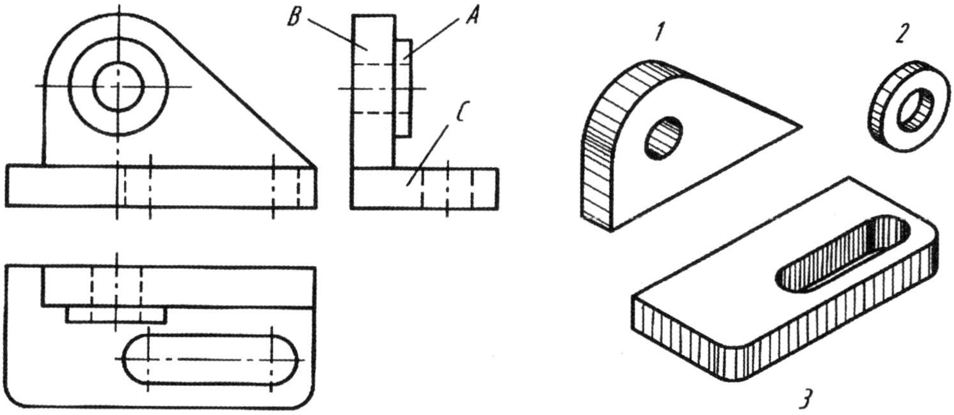

4．用形体分析法读组合体视图，并填空。

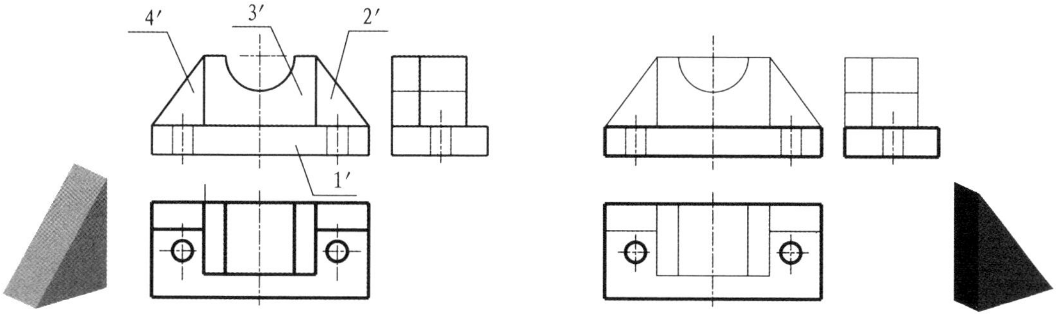

（　）　（a）　（b）　（　）

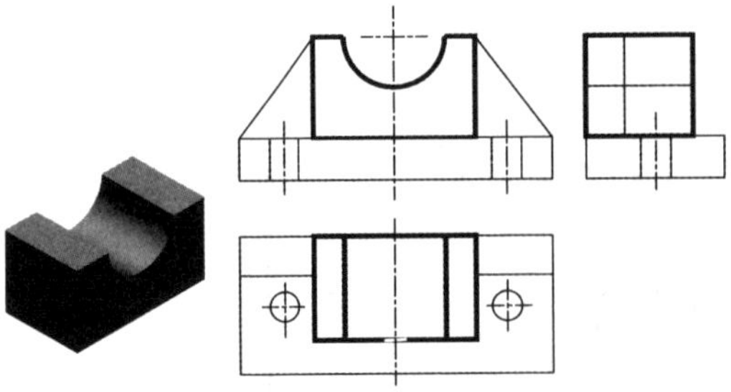
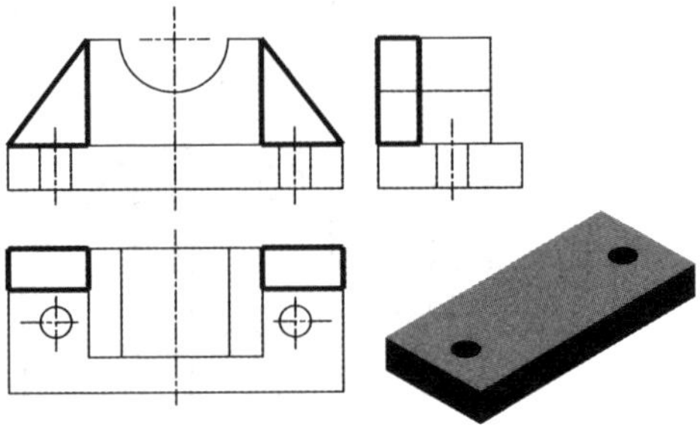

（　　）　　（c）　　（d）　　（　　）

（　　）图是形体 1 加深的三视图；（　　）图是形体 2 加深的三视图；（　　）图是形体 3 加深的三视图；（　　）图是形体 4 加深的三视图，并在立体图下面标出相应的序号，此组合体是（　　）体。

5．用线面分析法读组合体视图，并填空。

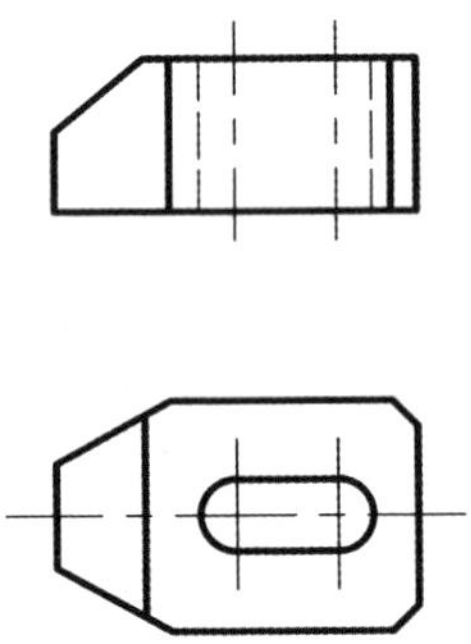

（a）

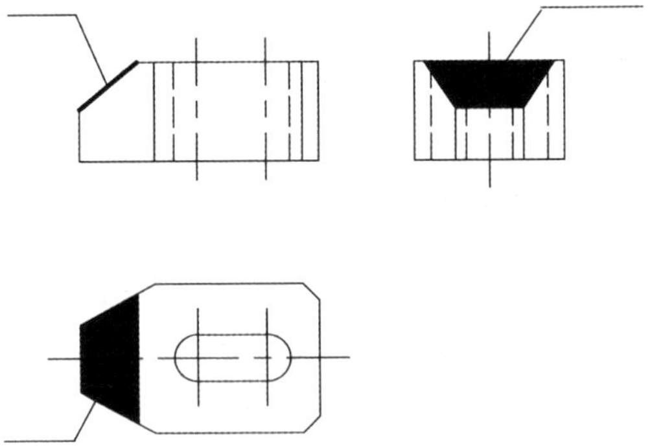

（b）

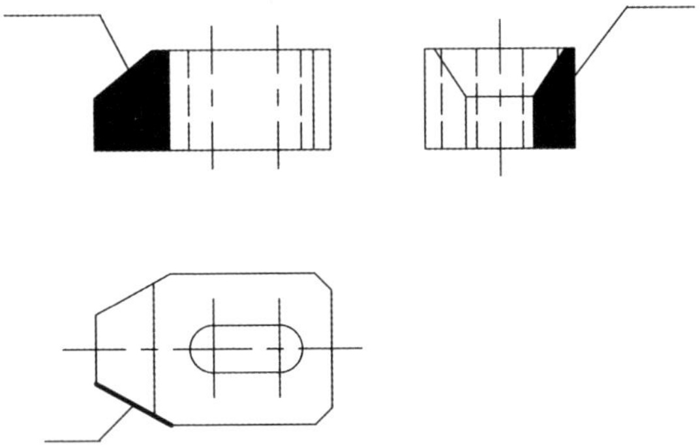

（c）

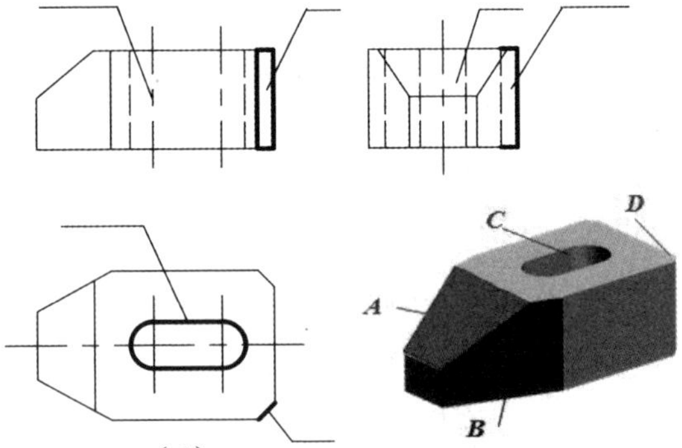

（d）

在（b）、（c）、（d）各图中，标出立体图所标记字母的相应面的三视图投影（将投影字母标在横线上）；其中 A 是（　　）面；B 是（　　）面；D 是（　　）面；此组合体是（　　）体。

3　组合体视图的尺寸标注

1．资讯学习

（1）结合组合体视图的尺寸标注，谈谈如何培养诚实守信、严谨负责的职业道德？

（2）什么是组合体尺寸标注中的定位尺寸、定形尺寸、尺寸基准、总体尺寸？

（3）组合体的尺寸标注的要求有哪些？

（4）标注尺寸应注意的问题有哪些？

（5）标注组合体尺寸的步骤和方法是什么？

2．标注漏标的尺寸，并用箭头指明主要尺寸基准。

（1）

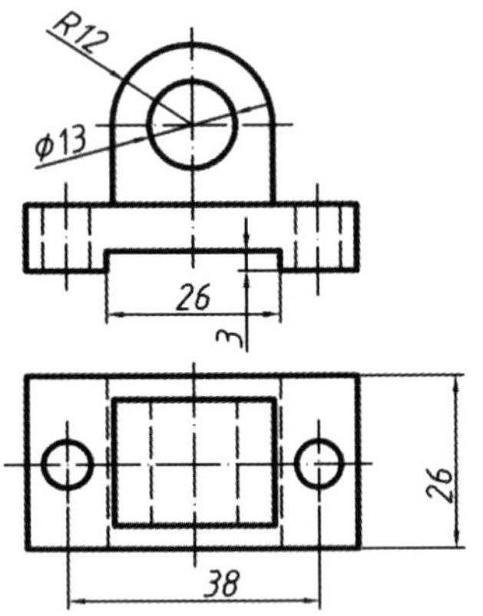

（2）

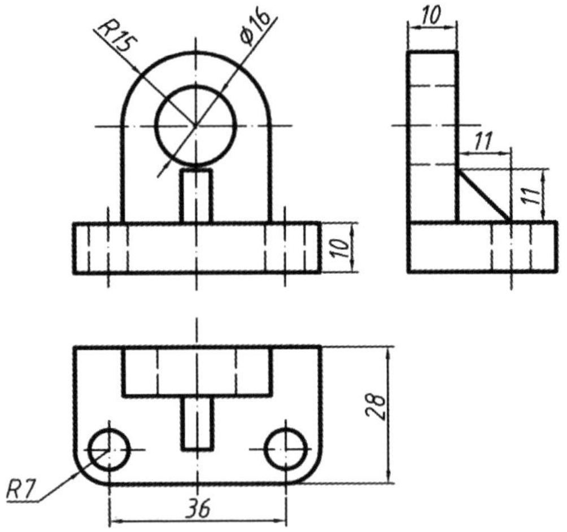

3．已知主、俯视图，补画左视图，并标注尺寸（大作业二：在完成此题的基础上，用 A4 纸画出下图的三视图）。

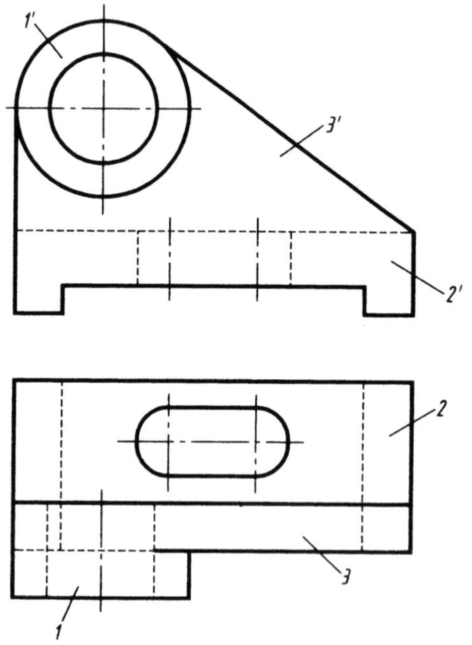

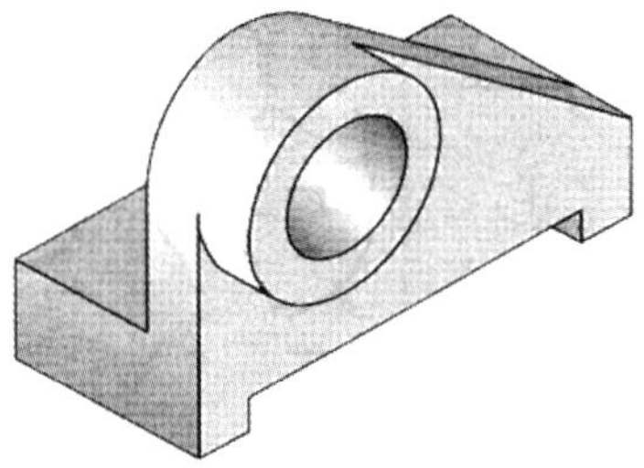

4．根据已知视图补画图中的漏线。

（1）

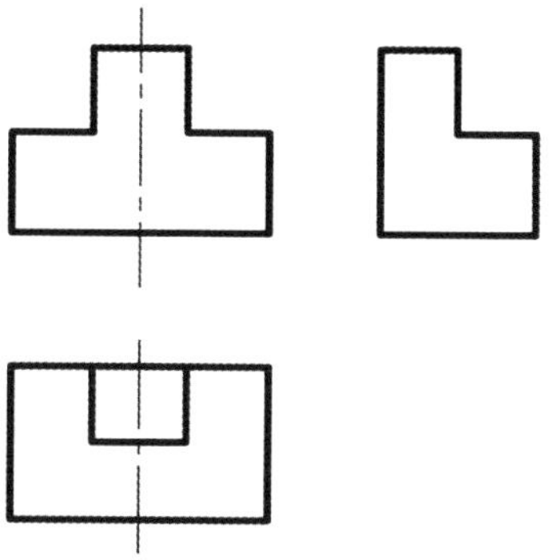

（2）

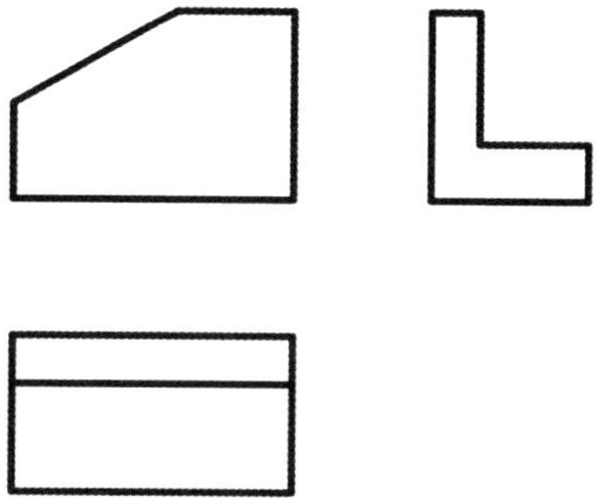

（3）

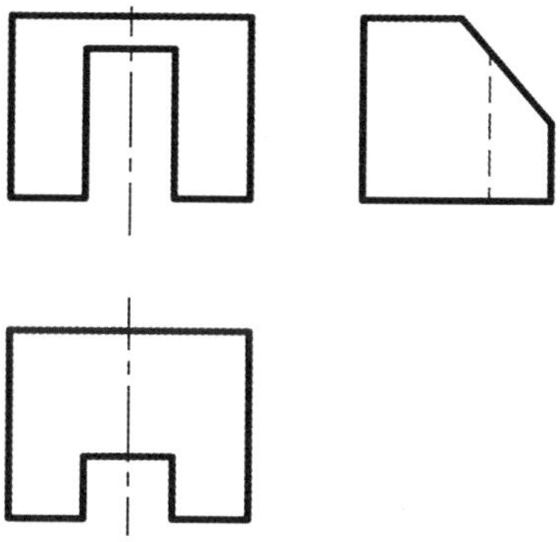

（4）

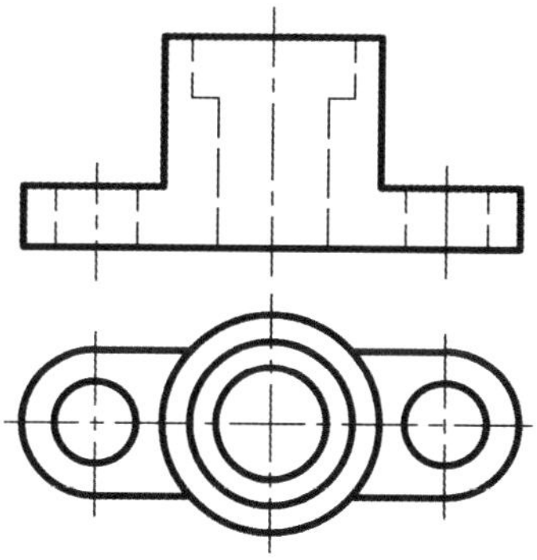

（5）

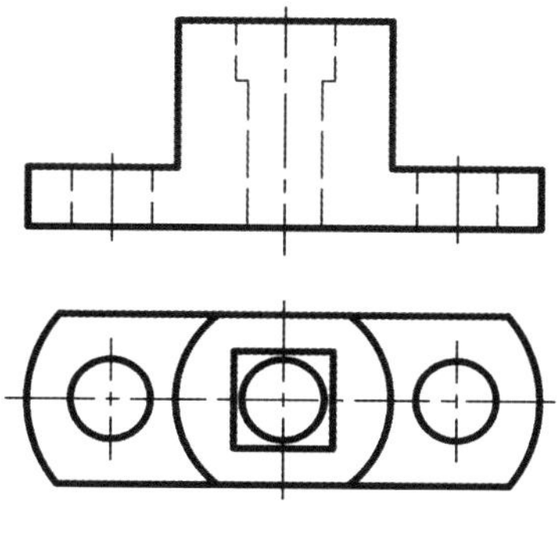

（6）

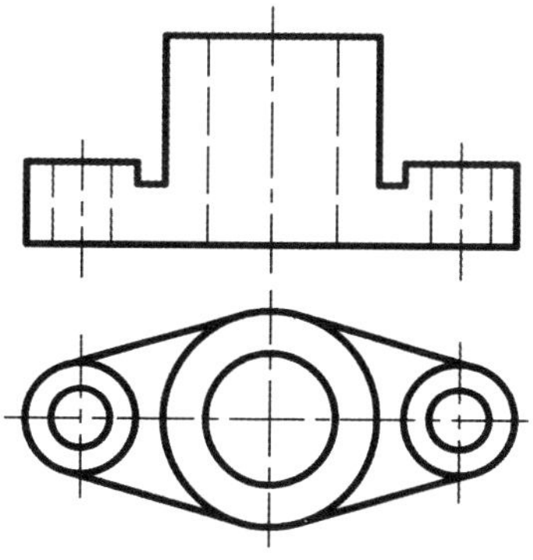

班级　　　　　　　　姓名　　　　　　　　学号

4 组合体的基本视图、向视图、局部视图、斜视图的画法和标注

1．资讯学习

（1）什么是基本视图？怎么配置？它们的度量关系符合什么规律？

（2）选择基本视图的原则是什么？

（3）什么是向视图？怎么标注？

（4）什么是局部视图？画局部视图应注意什么？

（5）什么是斜视图？画斜视图应注意什么？

班级 姓名 学号

2．画出物体的其余基本视图。

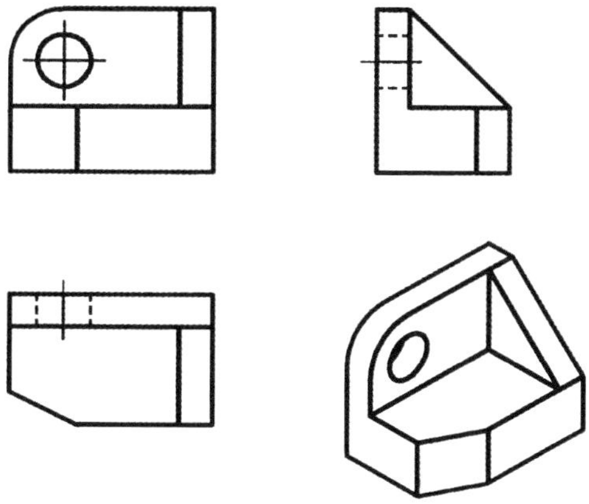

3．画出物体的 *A* 向斜视图。

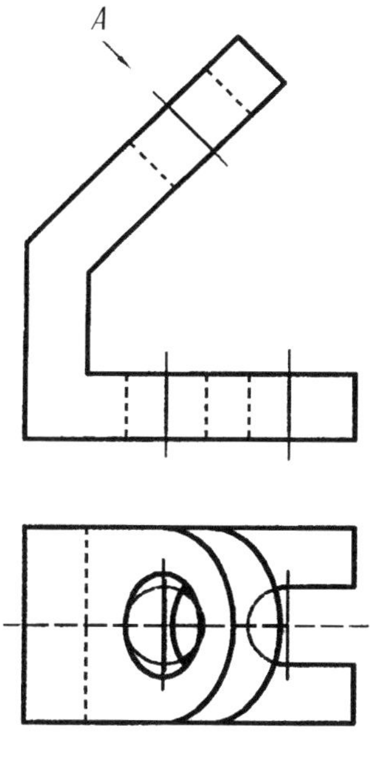

4．画出物体的 *A* 向局部视图。

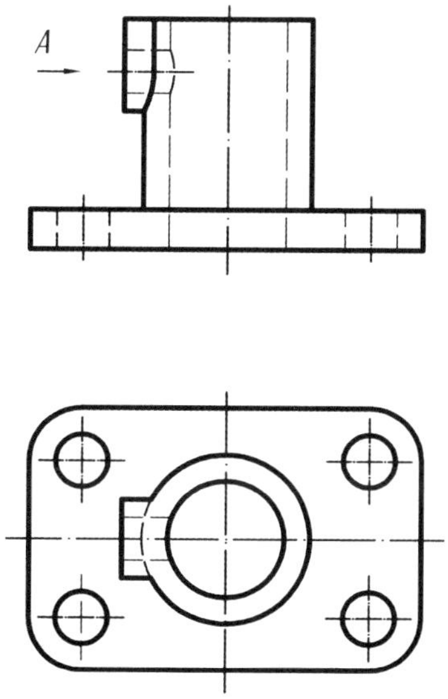

班级　　　　　　　　　　　　姓名　　　　　　　　　　　　学号

子学习情境 2.6　组合体的剖视图

1　组合体的剖视图的概念　2　组合体的全剖视图、半剖视图和局部剖视图的画法及标注

1．组合体剖视图的概念、全剖视图的画法和标注资讯学习

（1）通过学习组合体剖视图的概念，谈谈你对“换位思考”的理解，并阐述如何在学习和生活中运用这一思维方式，并举例说明？

（2）画剖视图的方法是什么？剖视图的画图步骤是什么？

（3）剖视图的标注及配置如何？

（4）剖视图的种类有哪些？什么是全剖视图？适用范围是什么？

班级　　　　　　　　　　姓名　　　　　　　　　　学号

2．对照图中所示的立体图，补画所缺图线。

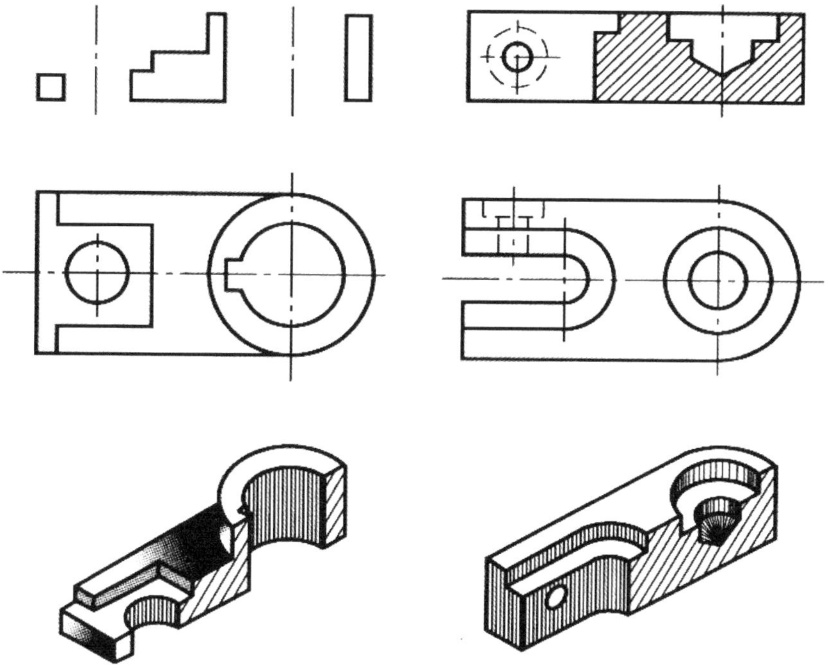

3．改正下列全剖视图中的错误（不要的线打“××”，缺少的线补上）。

（1）

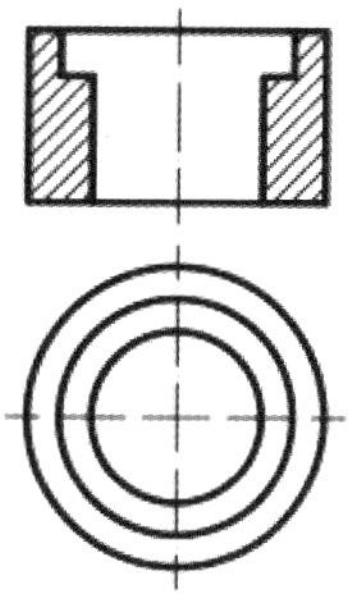

（2）

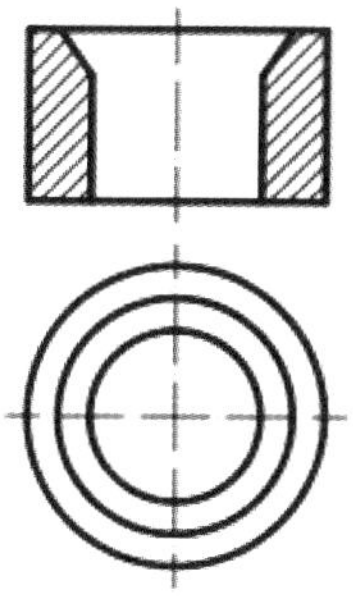

（3）

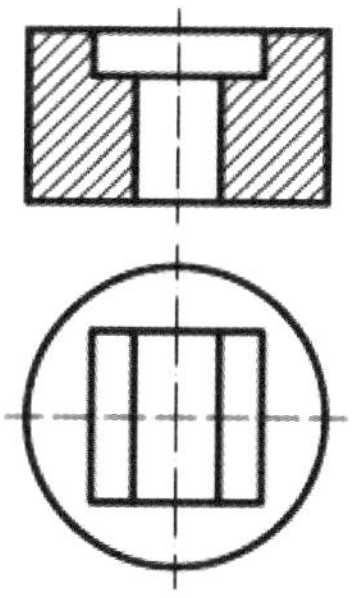

（4）

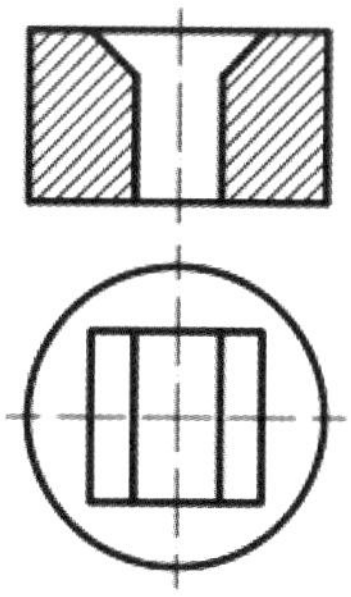

（5）

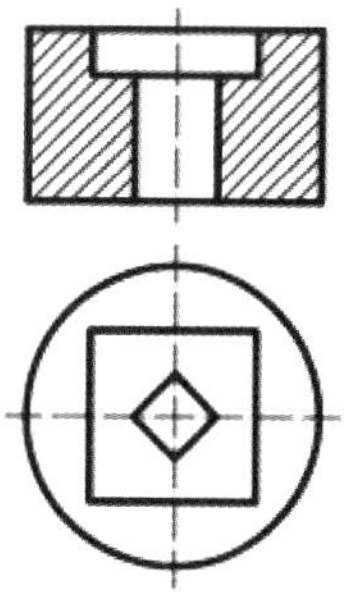

（6）

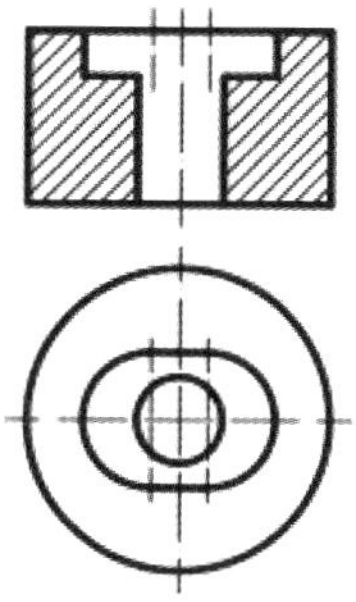

（7）

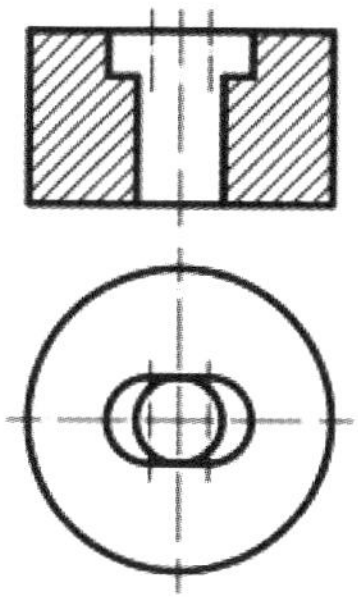

（8）

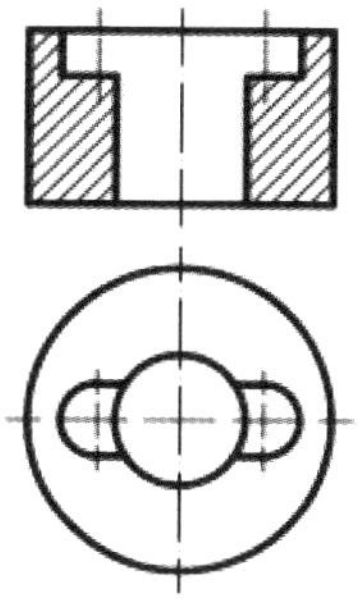

（9）

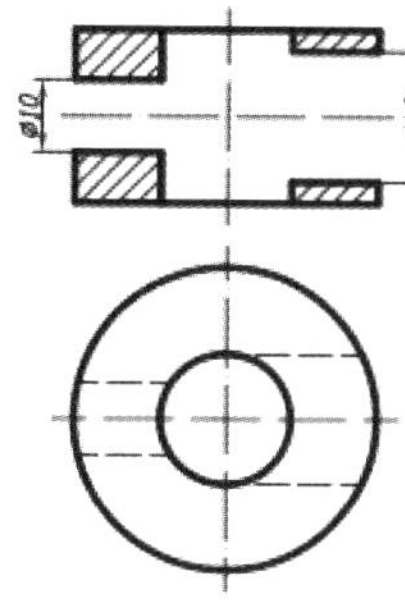

（10）

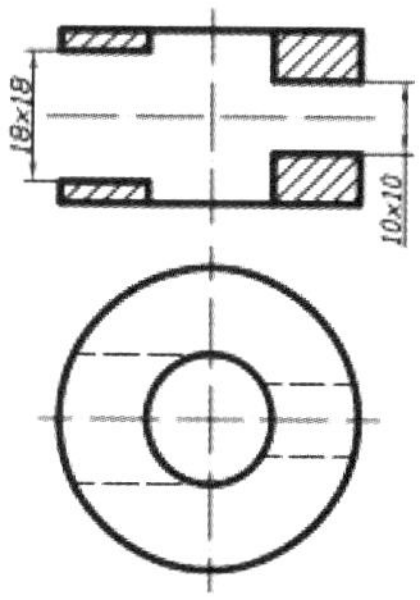

班级　　　　　　　　　　　　　姓名　　　　　　　　　　　　　学号

4．在指定的位置把主视图画成全剖视图。

（1）

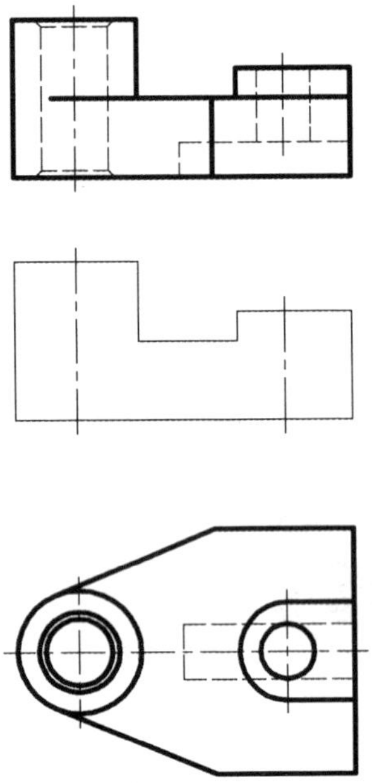

（2）

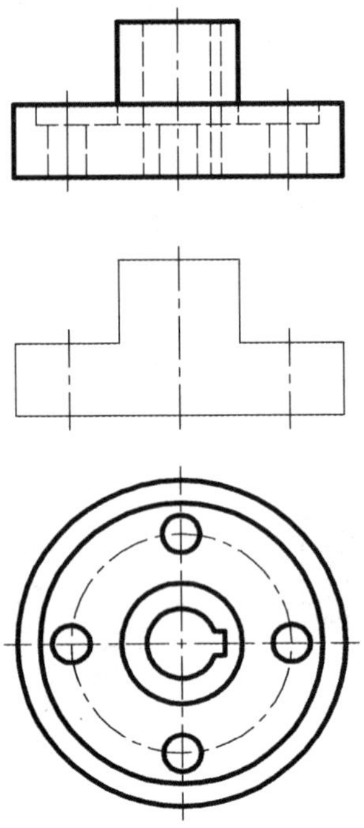

（3）

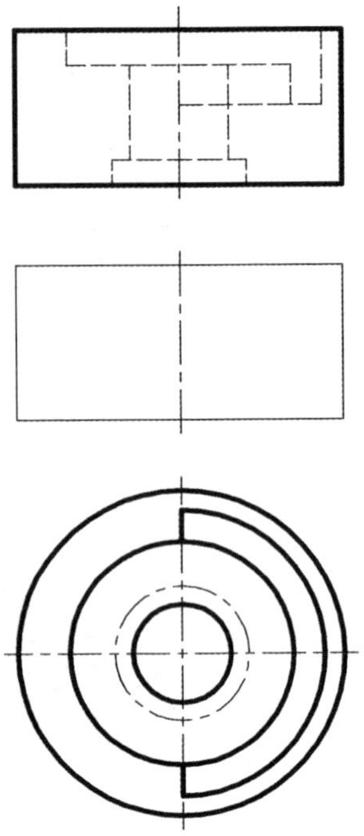

5．将零件的主视图画成全剖视图。

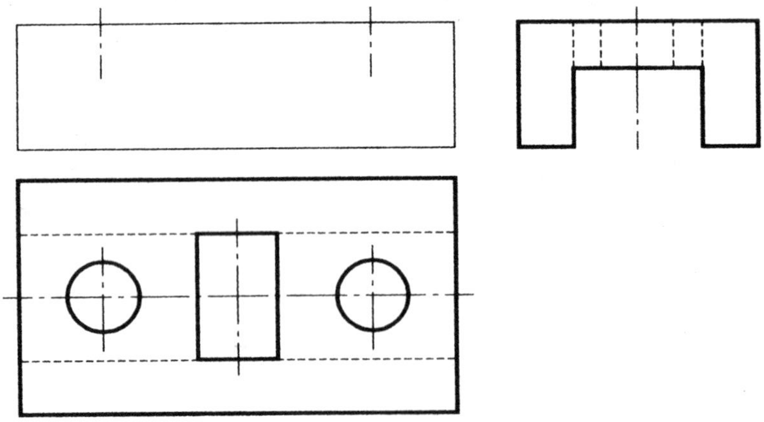

班级　　　　　　姓名　　　　　　学号

6．根据零件的俯、左视图，补画全剖主视图。

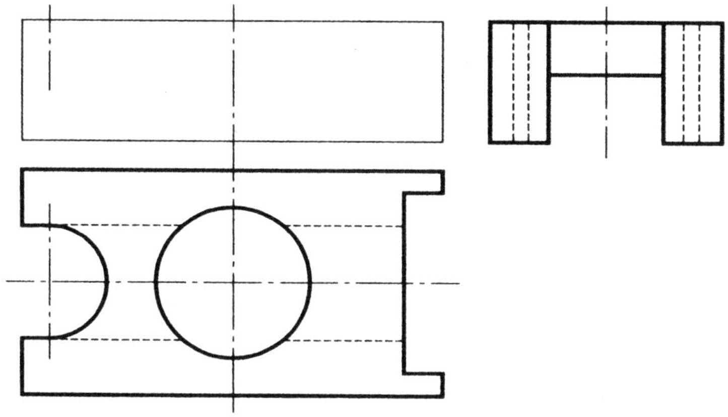

7．补画全剖视图中所缺的图线。

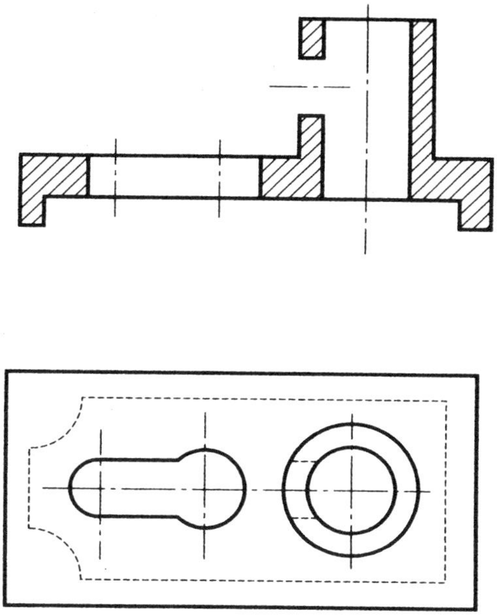

8．在指定位置，将机件的主视图改画成全剖视图。

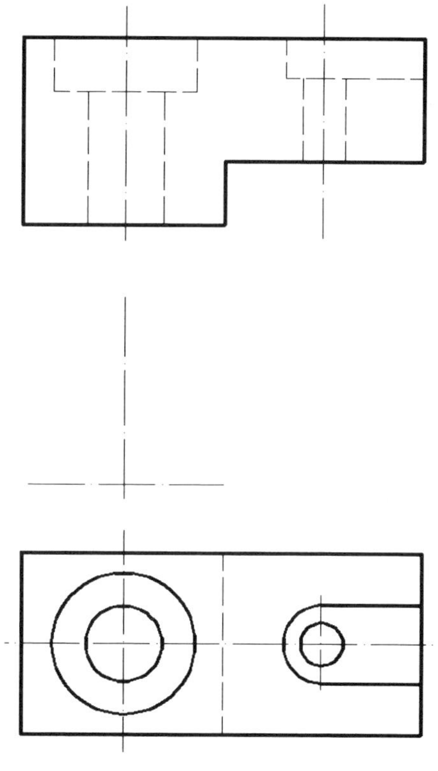

班级　　　　　　　　姓名　　　　　　　　学号

1 组合体的剖视图的概念 2 组合体的全剖视图、半剖视图和局部剖视图的画法及标注

1．组合体的半剖视图和局部剖视图的画法及标注资讯学习

（1）什么是半剖视图？

（2）半剖视图的适用范围有哪些？

（3）半剖视图怎么标注？

（4）画半剖视图的注意事项有哪些？

（5）什么是局部剖视图？

（6）适用范围是什么？

（7）画局部剖视图的注意事项有哪些？

班级　　　　　　　　　　姓名　　　　　　　　　　学号

2．根据主、俯视图，补全半剖的左视图。

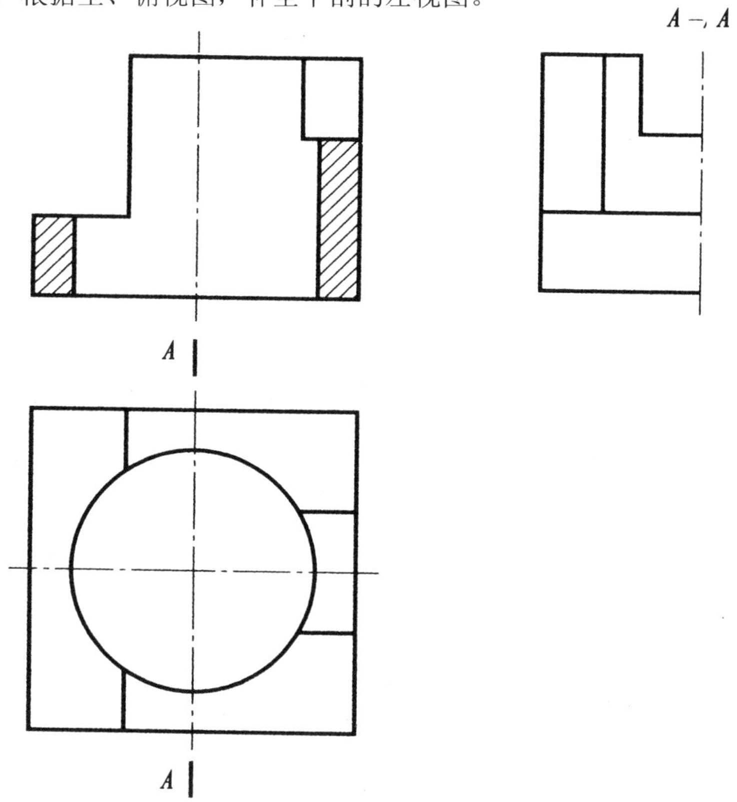

3．根据机件的主、俯视图，补全半剖的左视图。

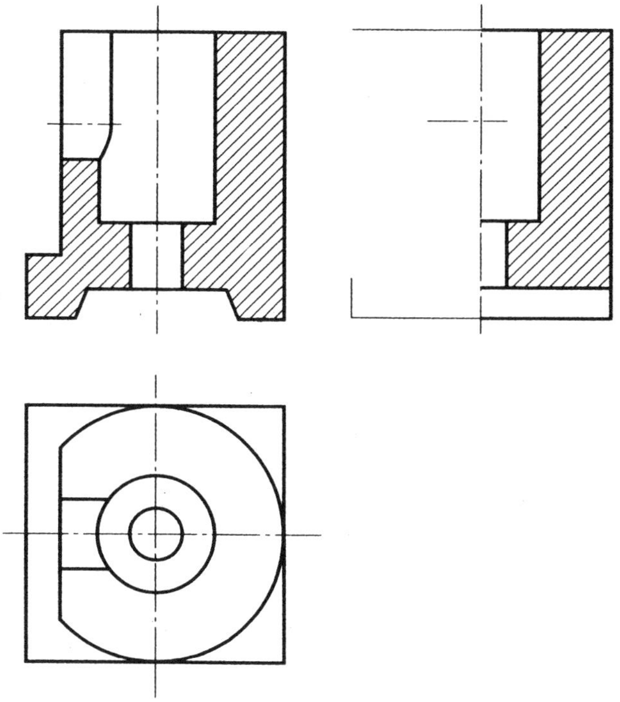

班级　　　　　　　　　　　　　　姓名　　　　　　　　　　　　　　学号

4．将主视图改画成全剖视图，并补画出半剖的左视图。

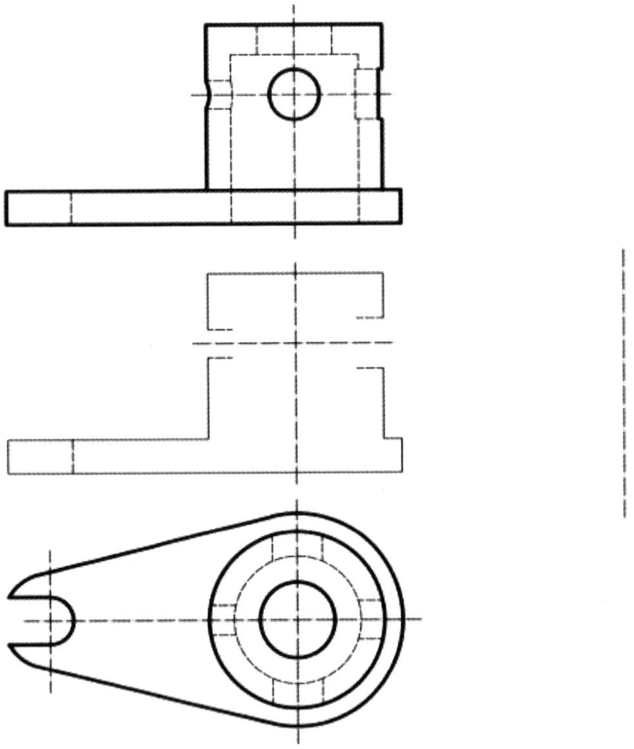

5．在指定位置将主视图改画成半剖视图，并补画全剖的左视图。

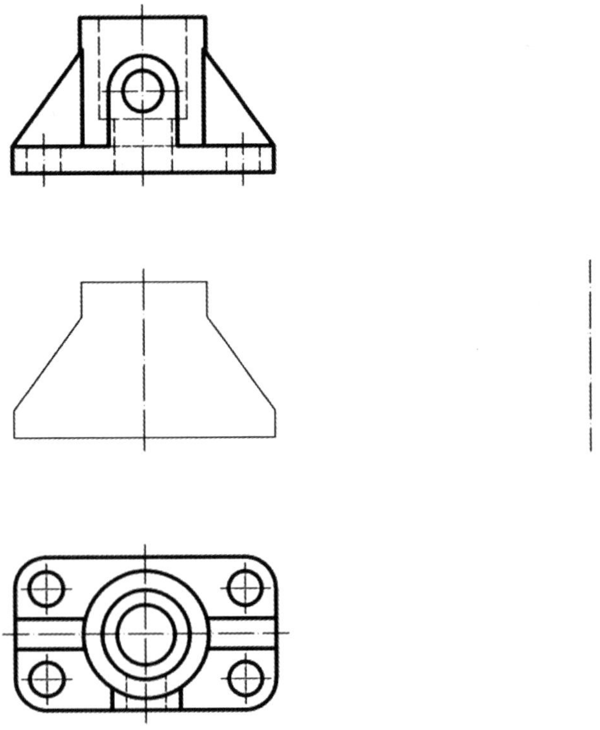

班级　　　　　　　　　　姓名　　　　　　　　　　学号

6．将主、俯视图改画成局部剖视图（在原图上改画）。

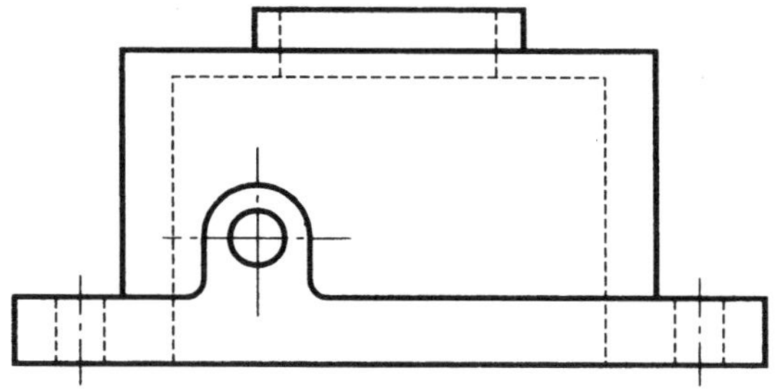

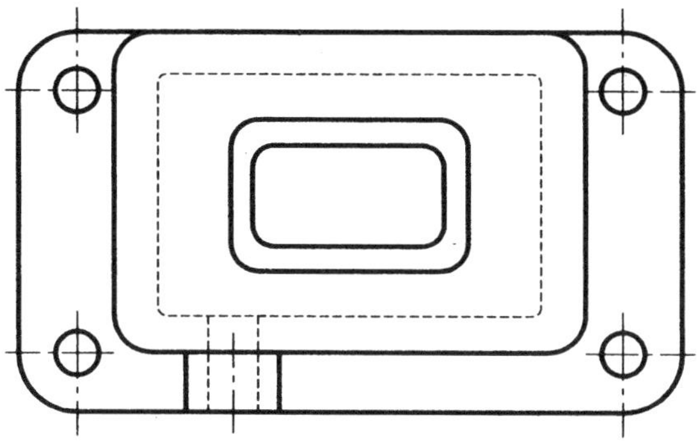

7．分析图中的错误，并改正，在错的线条上打“××”。

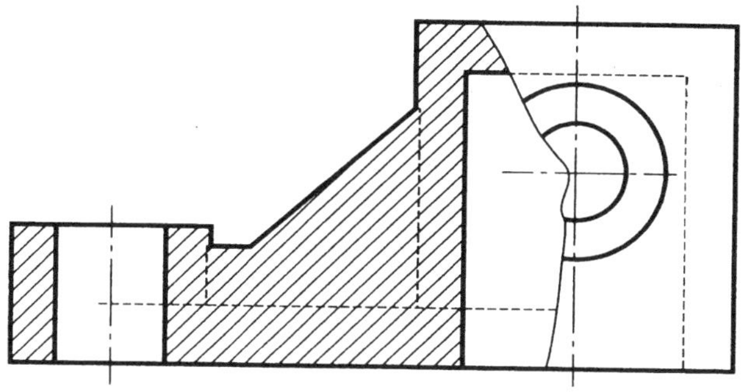

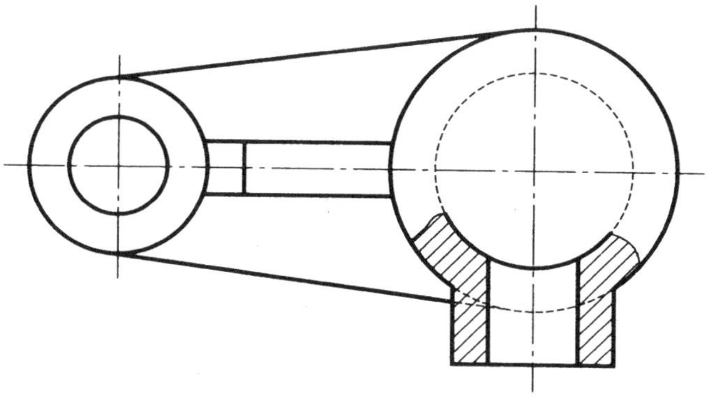

8．补画局部剖视图。

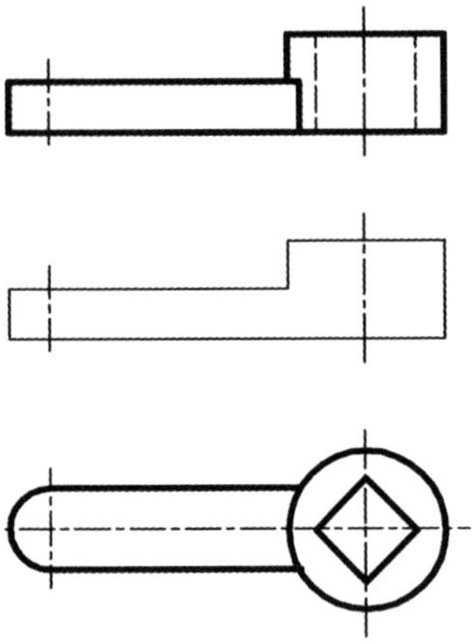

9．画出正确的局部剖视图。

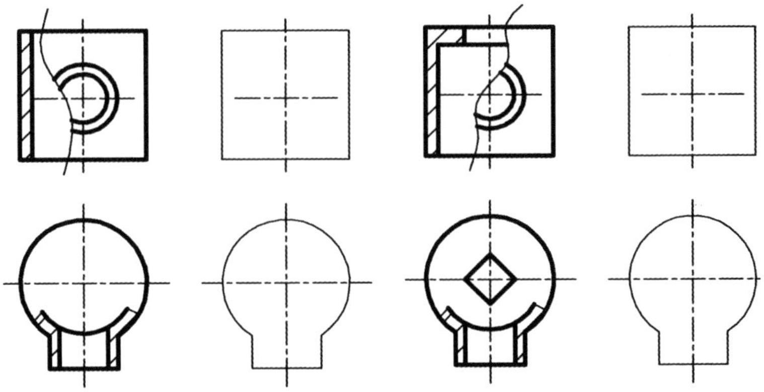

班级　　　　　　　　　　　　姓名　　　　　　　　　　　　学号

3　剖切面的种类

1．资讯学习

（1）单一剖切面有几种？分别是什么？哪一种是斜剖？

（2）采用单一投影面垂直面剖切时应注意什么？

（3）什么是旋转剖？适用范围有哪些？

（4）旋转剖时应注意的问题有哪些？

（5）什么是阶梯剖？适用范围有哪些？

（6）阶梯剖时应注意的问题有哪些？

（7）剖视图如何选取？剖切方法又如何选取？

班级　　　　　　　　　　姓名　　　　　　　　　　学号

2．画出用相交两平面剖切的全剖视图（旋转剖）。

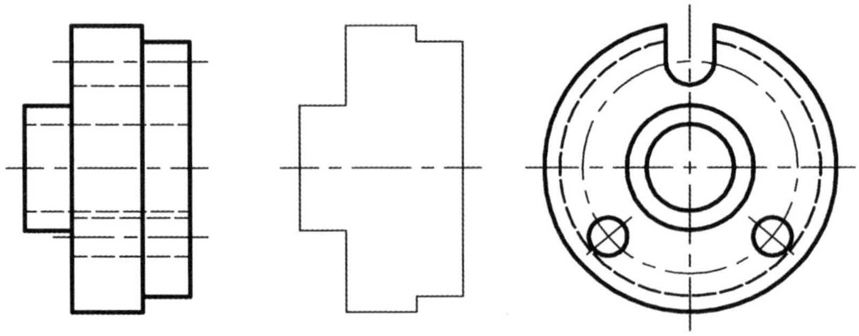

3．将左视图改画成阶梯剖的全剖视图，并画在空白处。

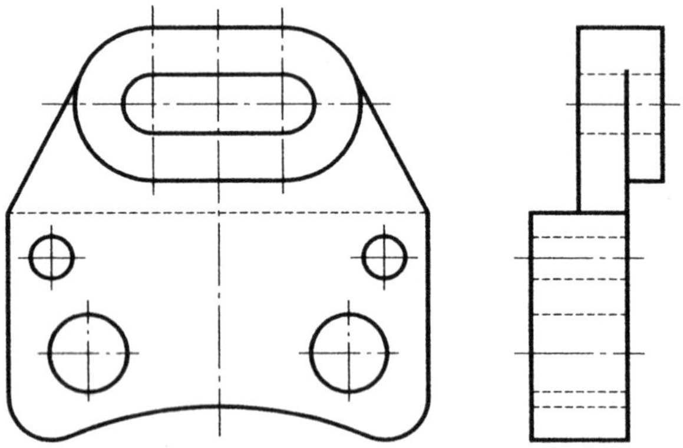

4．用平行剖切面在指定位置将俯视图画成全剖视图。

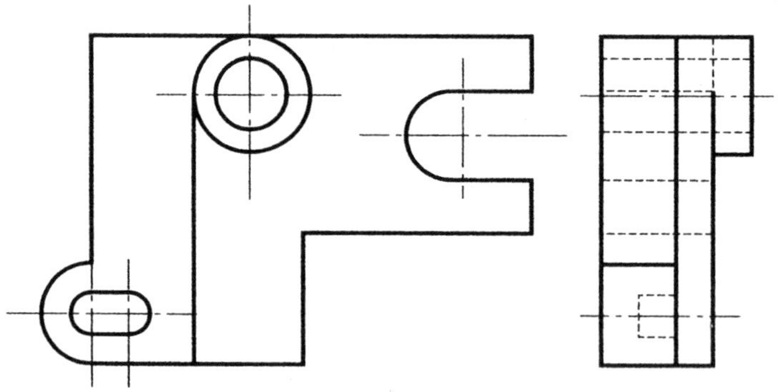

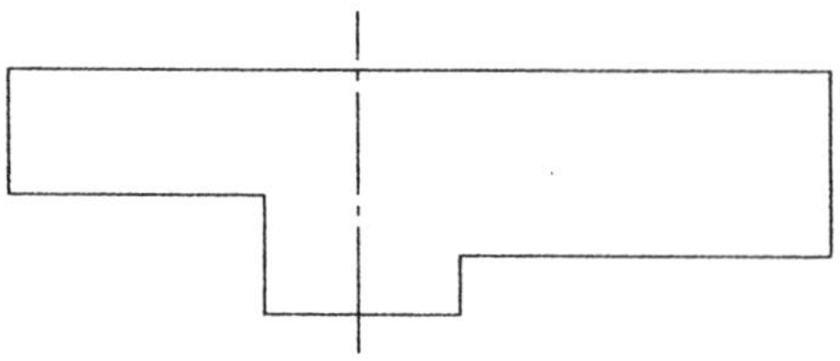

班级　　　　　　　　　　　　姓名　　　　　　　　　　　　学号

5. 将主视图改画成几个剖切面剖切的全剖视图（复合剖）。

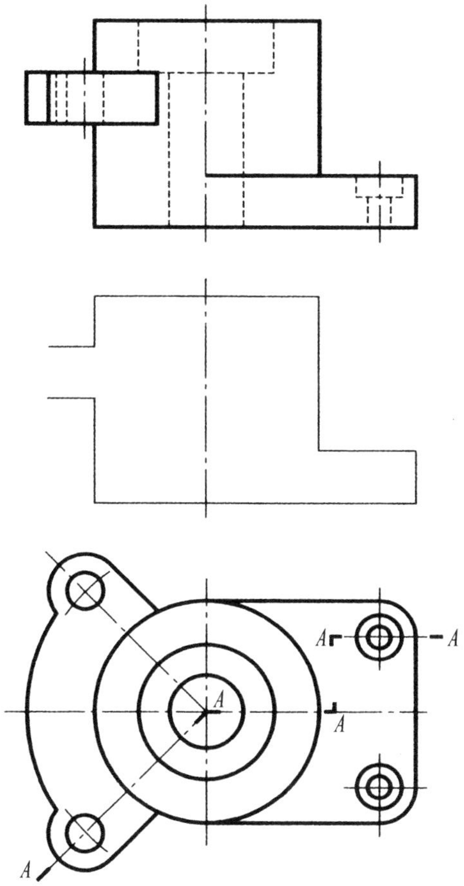

6. 在主视图中画出用两平行平面剖切的全剖视图（保留线加深，多余线打“××”）。

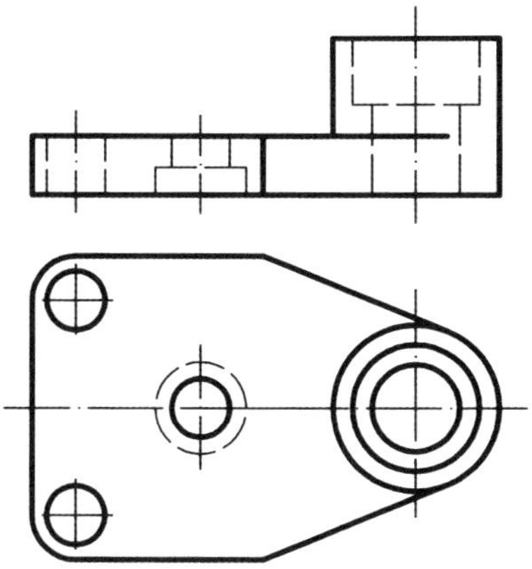

7. 在主视图中画出用相交平面和平行平面剖切的全剖视图（保留线加深）。

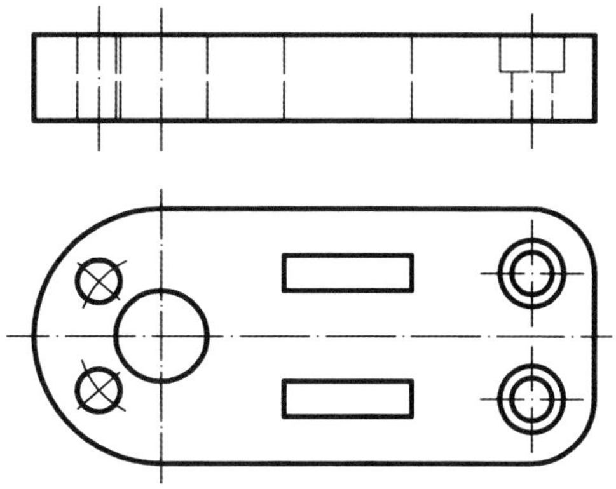

班级　　　　　　　　　　　　姓名　　　　　　　　　　　　学号

4 断面图和其他表达方法

1．断面图资讯学习

（1）断面图用于表达什么？

（2）分为哪几种？

（3）什么是移出断面？移出断面的画法及配置原则是什么？

（4）移出断面图的标注如何？

（5）什么是重合断面？重合断面的画法及配置原则是什么？

（6）重合断面图如何标注？

班级　　　　　　　　　　姓名　　　　　　　　　　学号

2．在空白处，画出 *A*—*A*、*B*—*B* 的移出断面图。

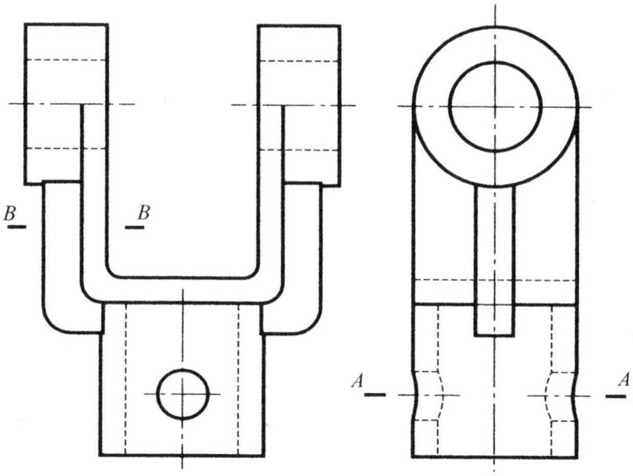

3．在指定位置画出重合断面图。

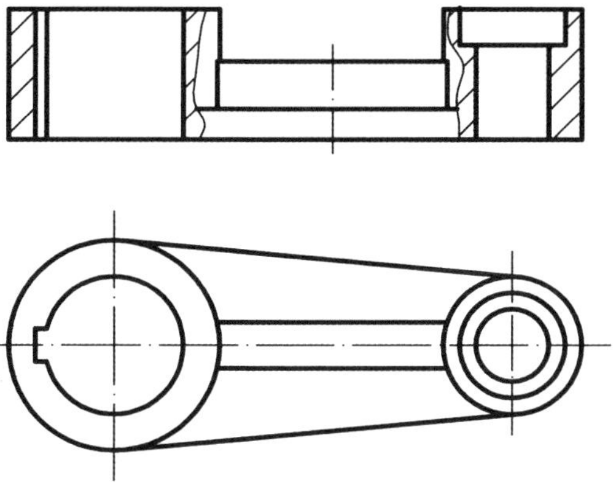

4．在指定位置画出断面图（左面键槽深 4mm，右面键槽深 5mm，中间为通孔）。

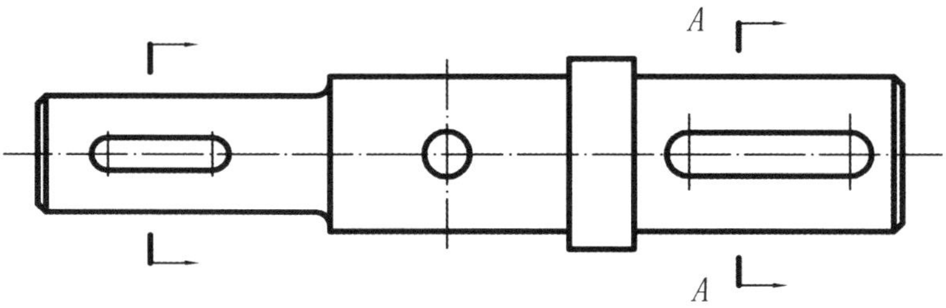

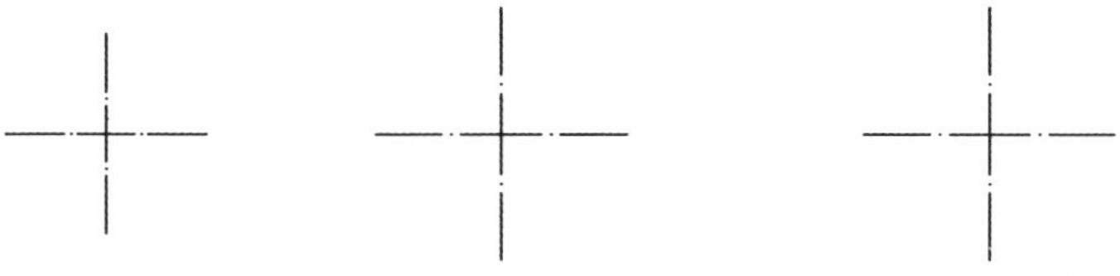

班级　　　　　　　　　　姓名　　　　　　　　　　学号

4 断面图和其他表达方法

1．其他表达方法资讯学习

（1）什么是局部放大图？局部放大图可画成什么？与被放大部分有何关系？放置在哪里？

（2）画局部放大图应注意什么？

（3）相同结构和小结构的简化画法如何？

（4）图形的简化画法如何？

班级　　　　　　　　　姓名　　　　　　　　　学号

2．指出图中对应的画法，并写在图旁边：①断开画法；②均匀分布的肋板及孔的画法；③对称图形的画法；④相同结构和小结构的简化画法；⑤机件上小平面的画法；⑥过渡线相贯线的简化画法；⑦局部放大。

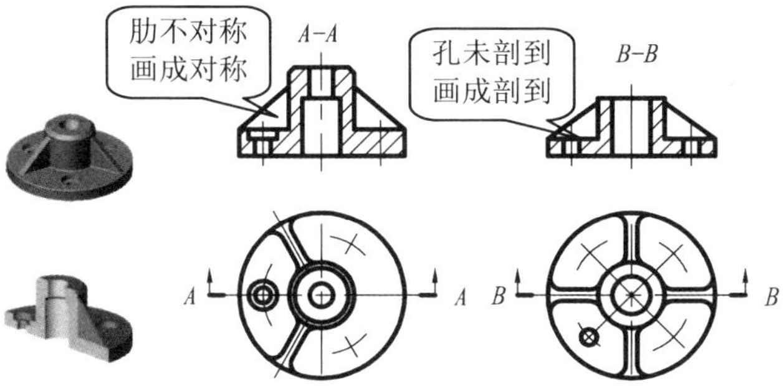

（a）

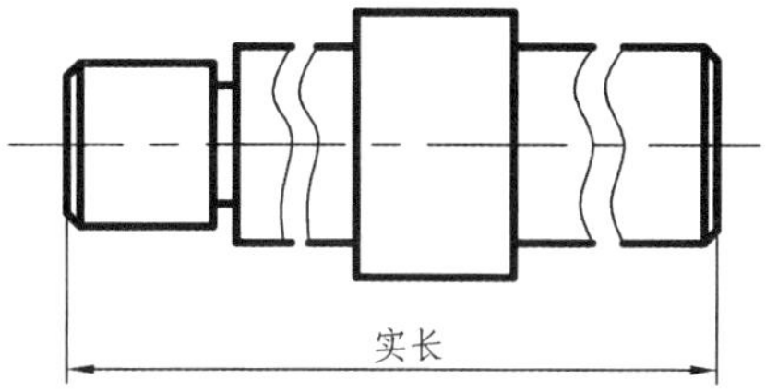

（b）

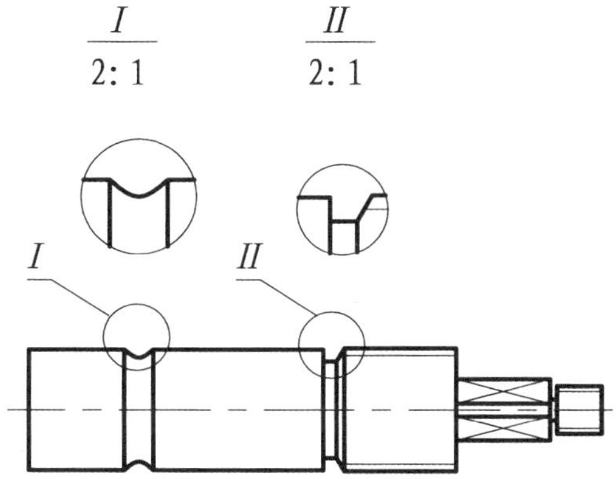

（c）

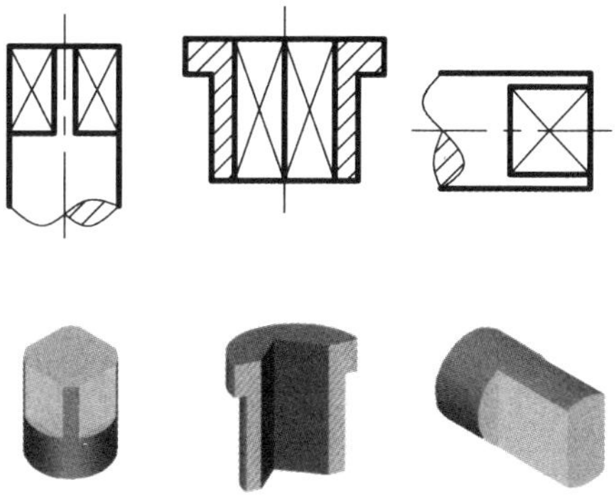

（d）

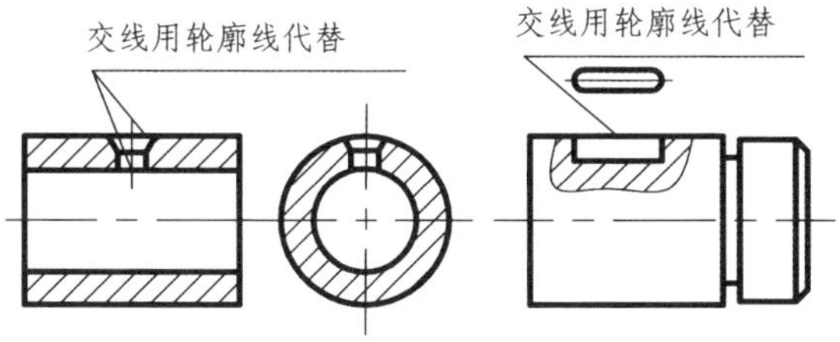

（e）

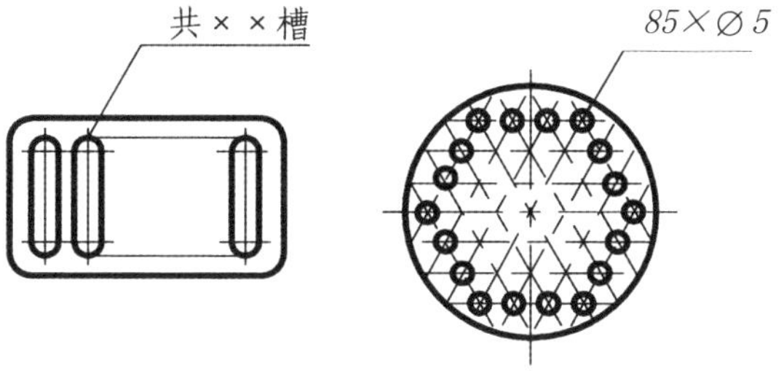

（f）

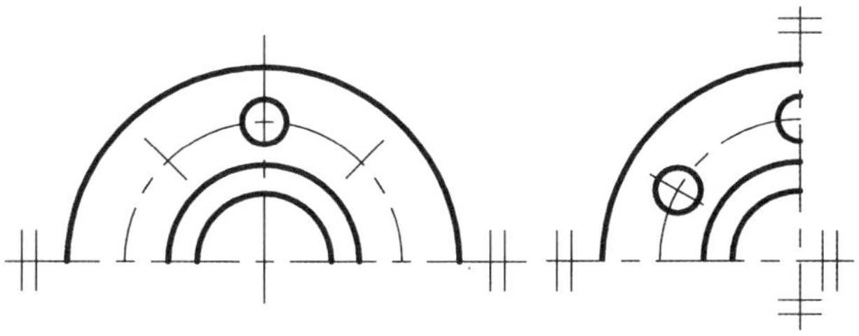

（g）

班级　　　　　　　　姓名　　　　　　　　学号

3．分析如下图所示管接头的表达方案，并回答问题。在管接头的表达方案中，采用了 *B*—*B*________剖；俯视图采用了 *A*—*A* 是________剖；*C*—*C*________剖；*E* 和 *F* 是__________视图。

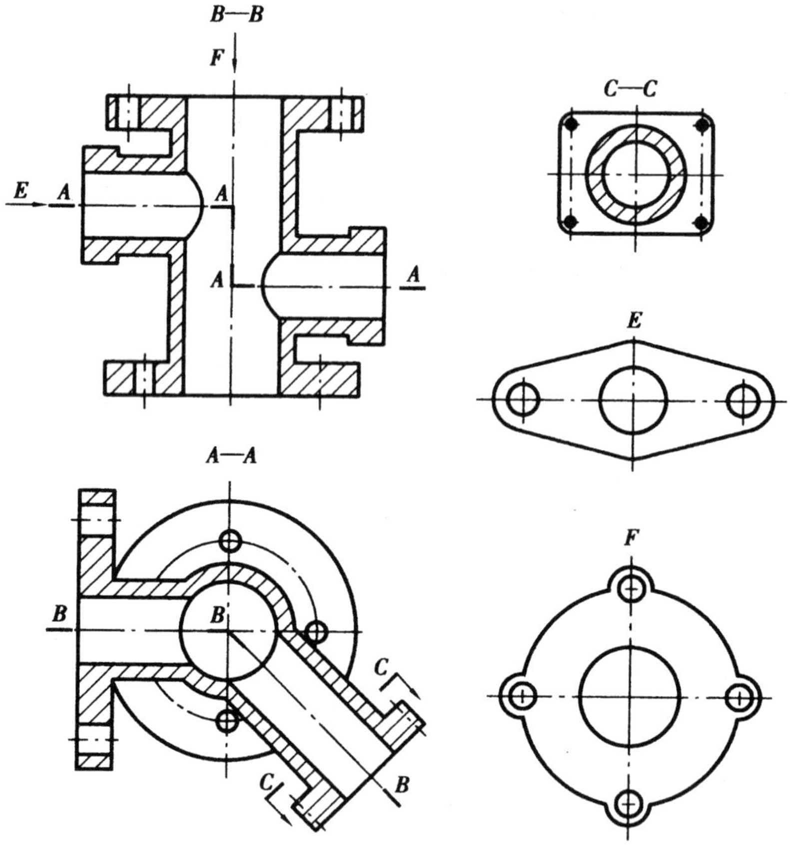

4．读图回答问题。

A—*A* 是________图；*B*—*B* 是________图；*C*—*C* 是________图；*D* 是________图；*E* 是________图；Ⅰ形状如________视图所示；Ⅱ形状如________视图所示；Ⅲ形状如________视图所示；Ⅳ形状如________视图所示。

班级　　　　　　姓名　　　　　　学号

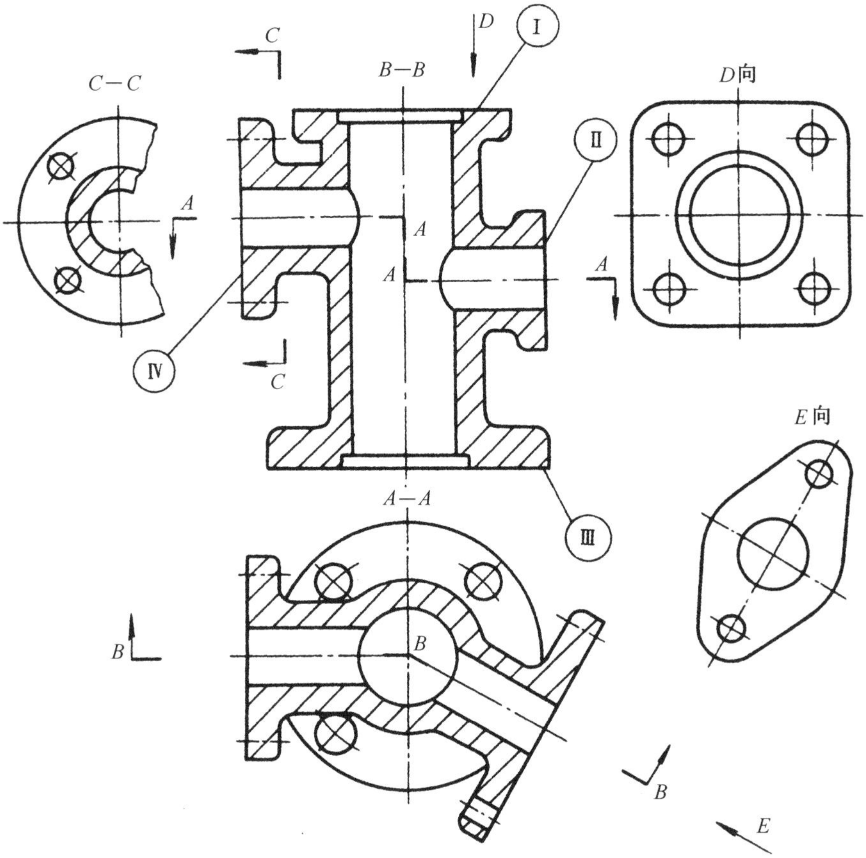

5．分析图中用了什么表达方案，想象零件的形状。

$B—B$＿＿＿＿＿＿剖；俯视图采用了 $A—A$＿＿＿＿＿＿剖；$C—C$ 是＿＿＿＿＿＿剖；D 是＿＿＿＿＿。

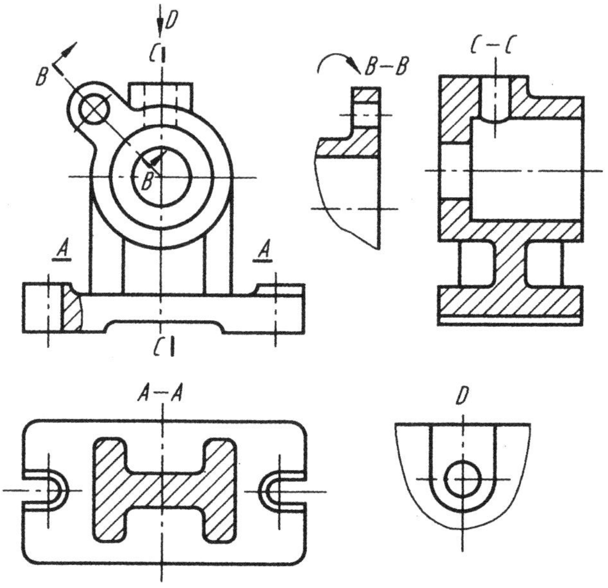

学习情境 3 参考答案

学习情境 3　轴测图

子学习情境 3.1　轴测图

1　轴测图的基本知识

1．资讯学习

（1）画轴测图是为了更好地读懂组合体的空间结构，谈谈在生活中如何为他人提供方便，为他人服务？

（2）轴测图、轴测轴、轴间角、轴向伸缩系数的概念是什么？什么是正轴测图？

（3）轴测图的特性如何？轴测的含义是什么？

2　正等轴测图的画法和标注

1．资讯学习

（1）正等轴测图的轴间角、轴向伸缩系数、简化轴向伸缩系数分别为多少？画正等轴测图时，用什么系数画？是否影响物体的形状和立体感？用计算机绘制正等轴测图时如何设置轴测模式和切换轴测面？

（2）正等轴测图的画图方法有哪些？绘制轴测图时应注意什么？

（3）正等轴测图的画图步骤是什么？

（4）在画正等轴测图时，平行于坐标面的圆的正等轴测投影是什么？短轴在什么位置？

（5）如何画切割组合体的正等轴测图？如何画叠加组合体的正等轴测图？

2．手工绘制下列物体的正等轴测图（尺寸在图中量取）。

（1）

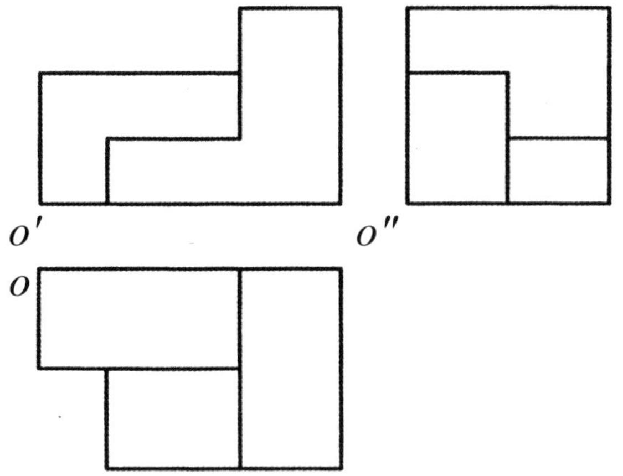

（2）

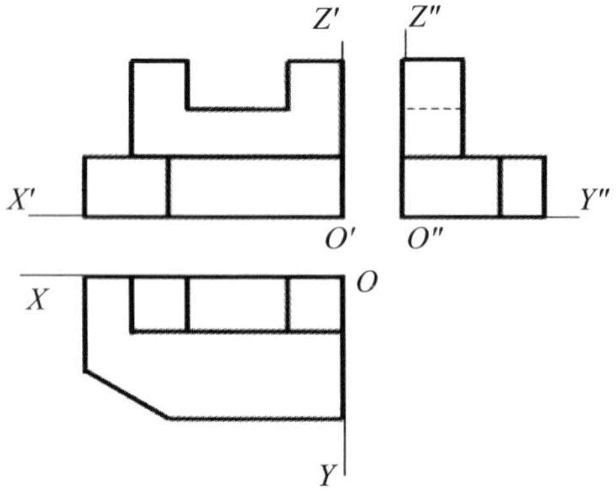

（3）

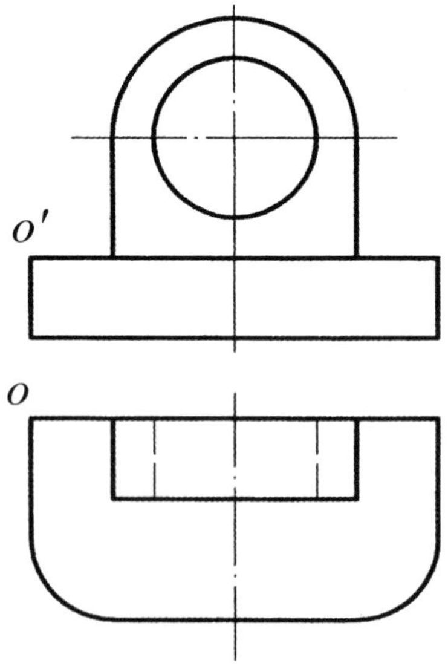

3. 用计算机绘制如下的正等轴测图，并标注尺寸。

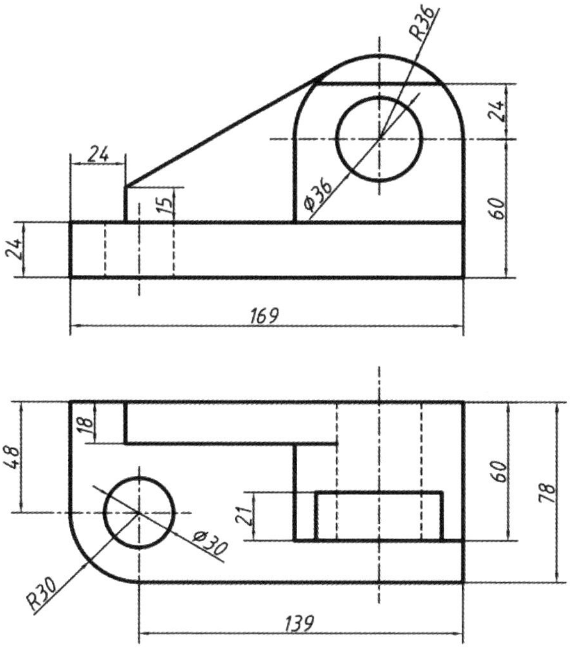

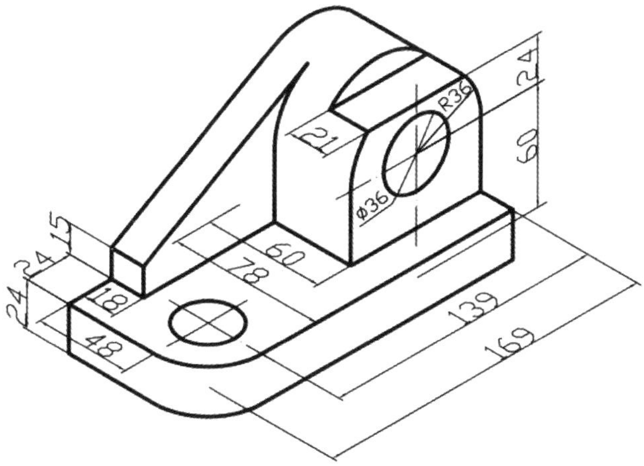

班级　　　　　　　　　　　　姓名　　　　　　　　　　　　学号

学习情境 4 参考答案

学习情境 4　机械图样识绘

子学习情境 4.1　标准件、常用件

1　螺纹的基本要素

1．资讯学习

（1）通过螺纹的基本要素的学习，解释“螺丝钉精神”的含义，并举出实例，阐述如何在学习和生活中践行“螺丝钉精神”？

（2）通过常用标准螺纹的种类、标记和标注的学习，简述“标准化意识”的重要性，并说明如何在学习和生活中培养和应用这一意识？

（3）螺纹的公称直径是什么？螺纹的三要素是什么？螺纹的五要素是什么？内外螺纹旋合的条件是什么？

（4）什么是标准螺纹？什么是非标准螺纹？

2　螺纹的规定画法

1．资讯学习

（1）外螺纹的规定画法是什么？（用文字叙述同时用图表示）

（2）内螺纹的规定画法是什么？（用文字叙述同时用图表示）

（3）内外螺纹旋合的画法是什么？（用文字叙述同时用图表示）

班级　　　　　　　　　　姓名　　　　　　　　　　学号

2．分析下列螺纹画法中的错误，将正确的视图画在下面。

（1）

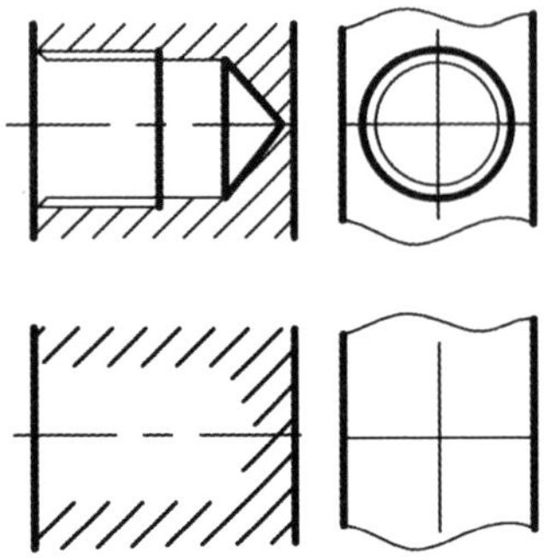

（2）

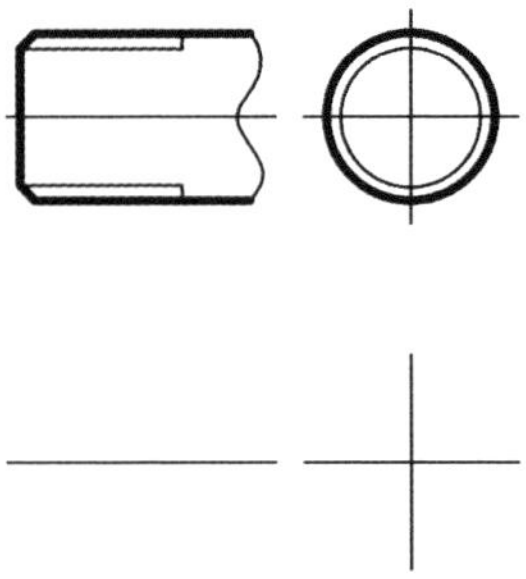

（3）

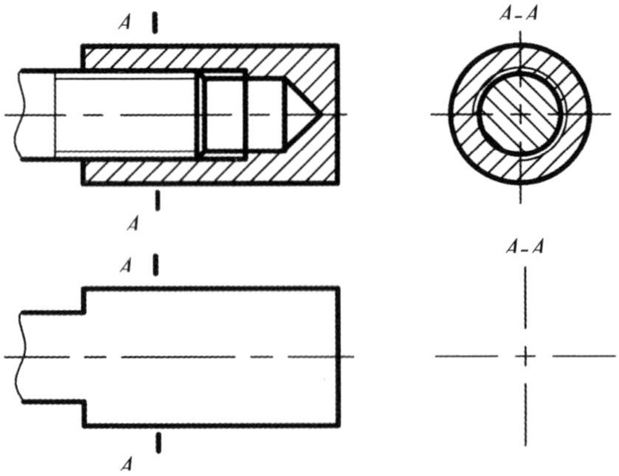

（4）

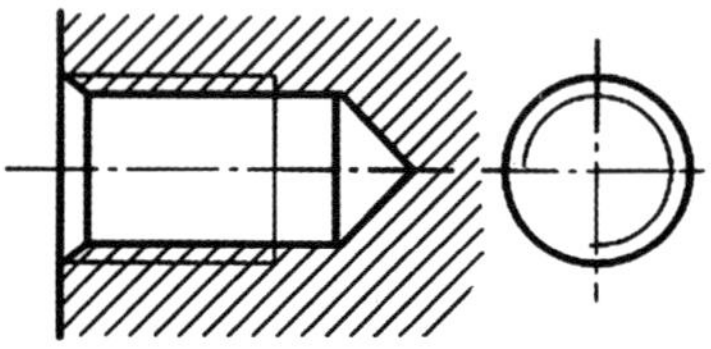

（5）

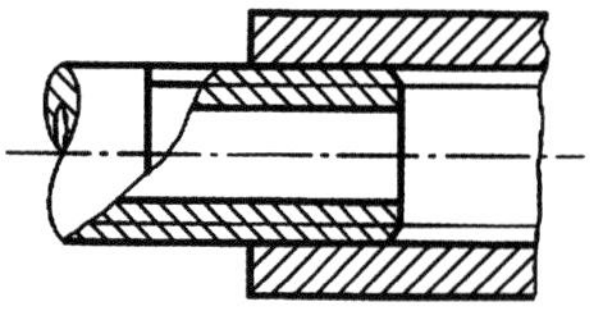

（6）

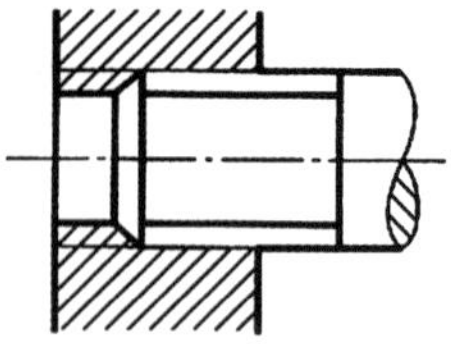

3　常用螺纹紧固件及连接件

1．资讯学习

（1）常用的螺纹连接件有哪些？

（2）螺栓连接的画法？适用于什么场合？如何连接？螺栓连接的紧固件有哪些？

（3）螺钉连接按用途分为哪几种？各用于什么场合？如何连接？

（4）螺柱连接适用于什么场合？如何连接？画螺柱连接图时应注意什么？

2．分析下面螺栓连接画法中的错误，将正确的画在右边。

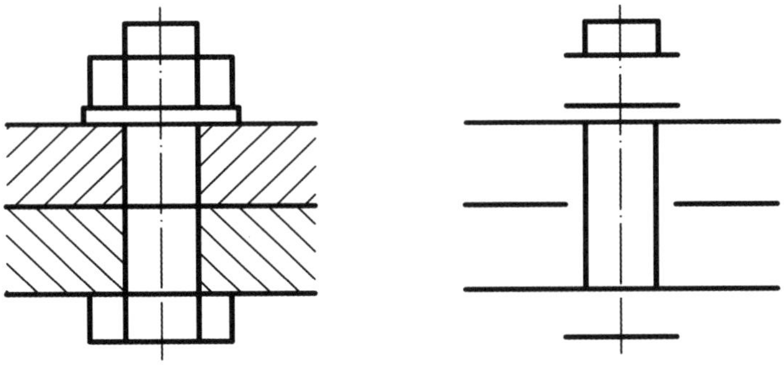

3．分析下面开槽圆柱头螺钉连接画法中的错误，将正确的画在右边。

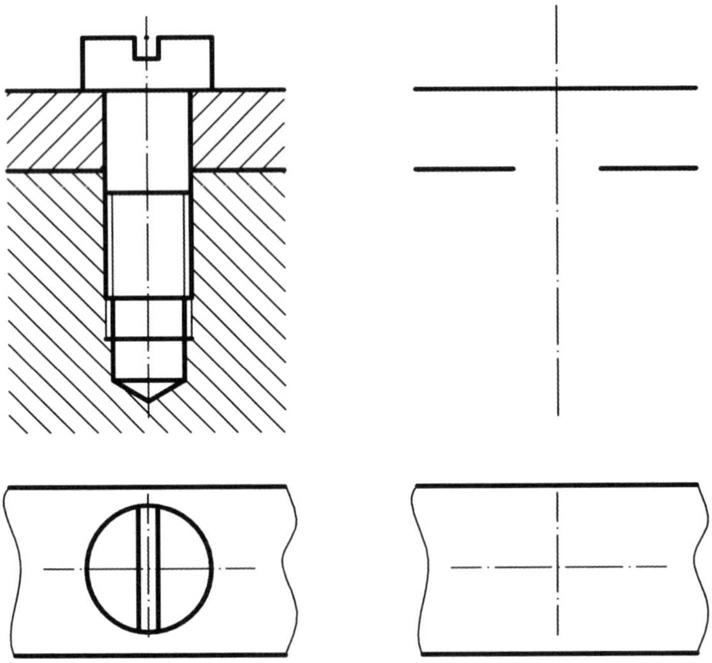

班级　　　　　　　　　　姓名　　　　　　　　　　学号

4．用简化画法画出螺柱连接（d=8，δ_1=6，δ_1=14），其中，主视图为全剖视图，俯视图和左视图为外形视图。

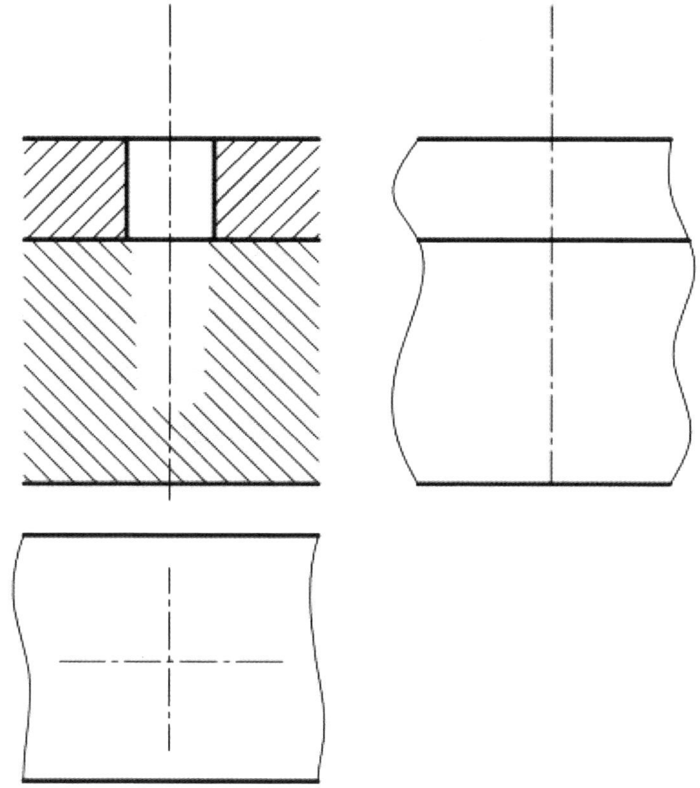

班级　　　　　　　　　　　　姓名　　　　　　　　　　　　学号

4 螺纹的标注

1．资讯学习

（1）普通螺纹的尺寸由什么组成？螺纹标记要注在什么位置？

（2）写出完整的普通螺纹标记。

（3）标注普通螺纹应注意什么？

（4）常用的管螺纹分为哪些？密封管螺纹标注代号如何表示？螺纹特征代号如何表示？

（5）非密封管螺纹标注代号如何表示？螺纹特征代号如何表示？螺纹公差等级代号如何表示？

（6）管螺纹的尺寸代号的含义是什么？

班级　　　　　　　　　　　　姓名　　　　　　　　　　　　学号

2．根据给定的螺纹要素，标注螺纹的尺寸。

（1）普通粗牙螺纹：公称直径 20mm，螺距 2.5m，公差带代号 5*g*6*g*，中等旋合长度，右旋，螺纹长度 25mm。

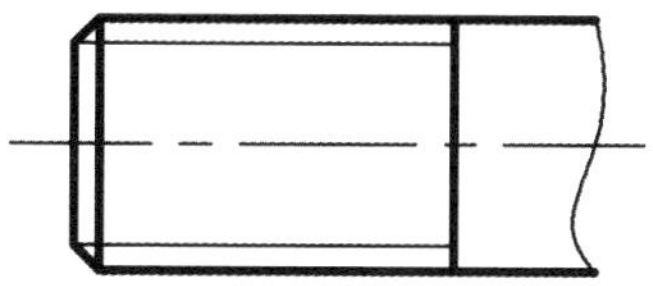

（2）普通细牙螺纹：公称直径 16mm，螺距 1.5mm，公差代号 6*H*，螺纹长度 32mm，钻孔深 40mm。

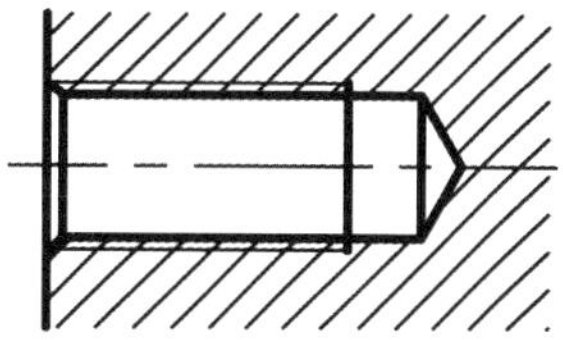

（3）梯形螺纹：公称直径 24mm，螺距 3mm，线数 2，左旋，公差带代号 7*H*，螺纹长度 40mm，退刀槽 8×∅25。

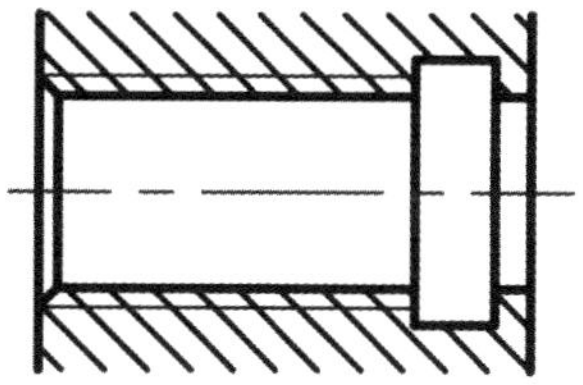

（4）方牙螺纹：大径 32mm，小径 24m，牙宽 4m，螺距 8m，螺纹长 50mm。

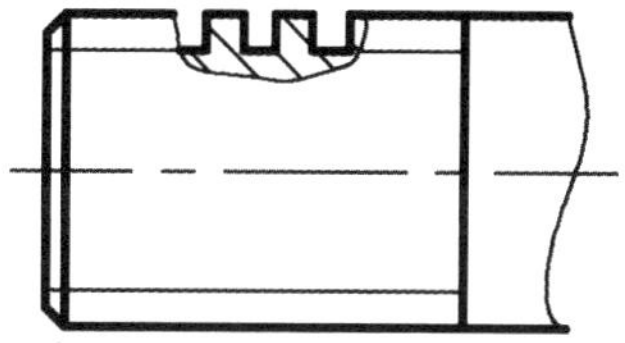

（5）非螺纹密封的管螺纹：尺寸代号 3/4，公差等级为 *A* 级，右旋，螺纹长度 42mm。

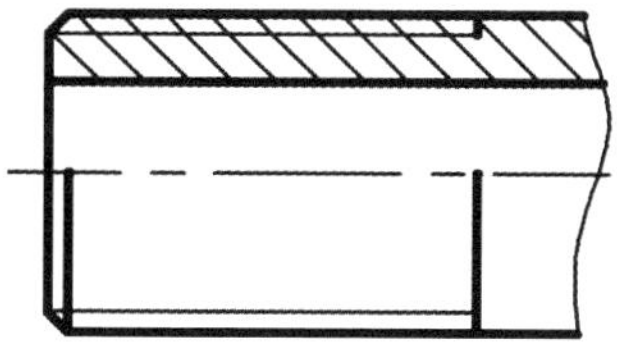

（6）非螺纹密封的管螺纹：尺寸代号 1/2，单线，左旋，螺纹长度 25mm。

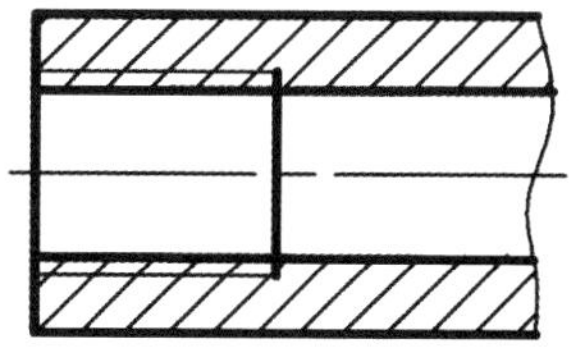

班级　　　　　　　　姓名　　　　　　　　学号

5 键和销连接

1．资讯学习

（1）键的功用如何？常用键有哪些？

（2）普通平键连接的画法如何？同时用图表示。

（3）半圆键连接的画法如何？同时用图表示。

（4）钩头楔键连接的画法如何？同时用图表示。

（5）销的功用如何？类型有哪些？销的标记如何？销连接的画法如何？

2. 已知轴与轮用 *A* 型普通平键连接。轴的直径为 14mm，键的长度为 20mm。分别注出轴和轮上键槽的尺寸，补全所缺的图线，并完成键连接的装配画法。按图示尺寸画。

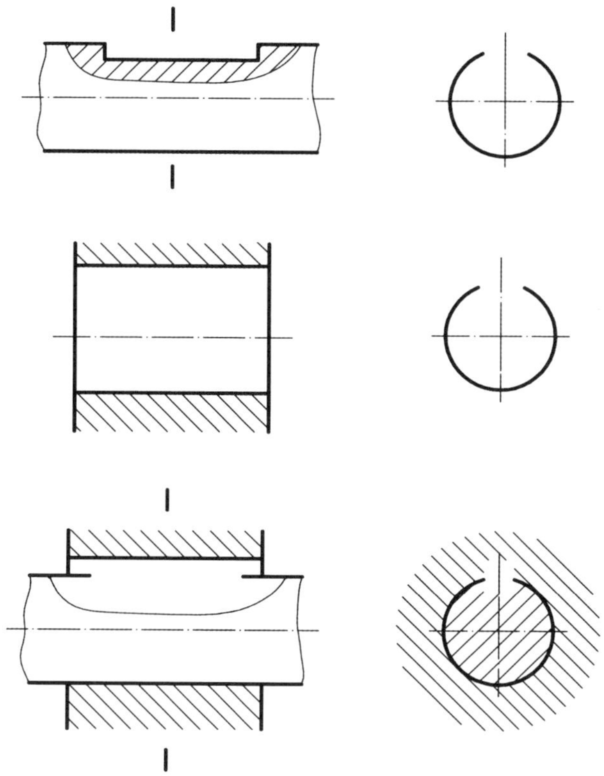

3. 已知用销 GB/T 117—2000 A5×22 连接齿轮和轴，完成其剖视图。装配图中的比例为 2:1。

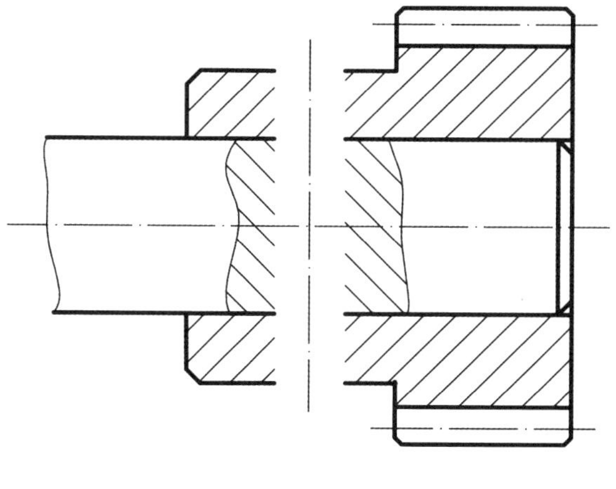

6 齿轮的基本知识

1．资讯学习

（1）齿轮的作用如何？结构如何？

（2）常见的齿轮传动形式有哪些？

（3）直齿圆柱齿轮各部分的名称概念如何？什么是标准齿轮？一对标准齿轮啮合时满足什么条件？

班级 姓名 学号

7 圆柱齿轮的规定画法

1．资讯学习

（1）单个齿轮的画法如何？同时用图表示。

（2）两齿轮啮合的画法如何？同时用图表示。

2．如图所示，已知：直齿圆柱齿轮模数 m=2，齿数 z=40。要求：
（1）计算该齿轮的分度圆直径、齿顶圆直径、齿根圆直径；（2）补全主视图缺少的图线（按 1:1 比例画）；（3）标注轮齿部分的尺寸。

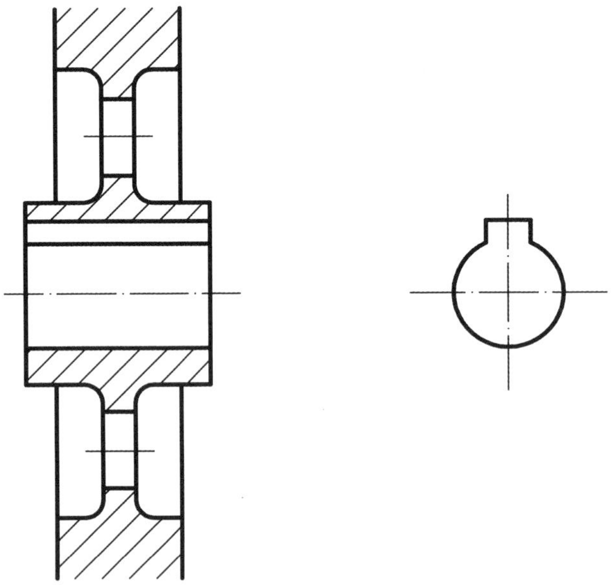

3．如图所示，已知：一对啮合齿轮模数 m=2，齿数分别为 z_1=11，z_2=25。要求：
（1）分别计算两齿轮的分度圆直径、齿顶圆直径、齿根圆直径；（2）补画主、左视图中所缺少的图线。

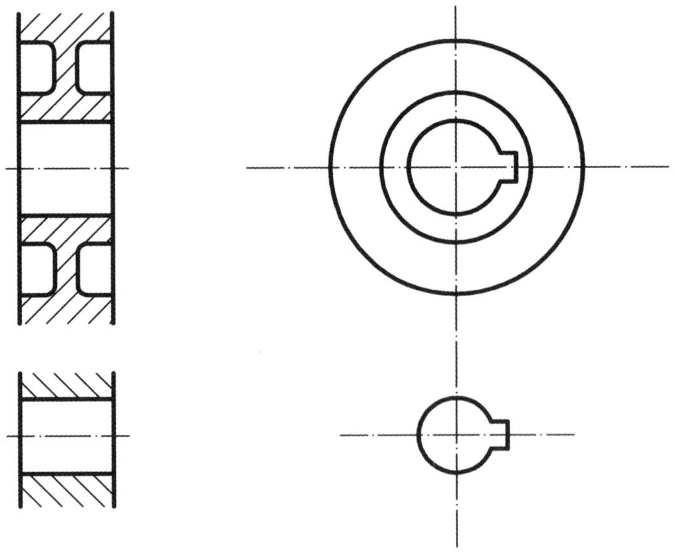

班级　　　　　　　　　　　　姓名　　　　　　　　　　　　学号

8　滚动轴承的画法

1．资讯学习

（1）滚动轴承的结构如何？

（2）滚动轴承的类型包括哪些？

（3）滚动轴承的画法有哪些？通用画法如何？特征画法如何？

（4）规定画法如何？

（5）滚动轴承的代号如何？

班级　　　　　　　　姓名　　　　　　　　学号

子学习情境 4.2 零件图的识绘

1 零件图的技术要求

1．零件图的作用、内容、表达资讯学习

（1）零件、零件图的概念是什么？

（2）零件图的内容包括哪些？

（3）如何选择零件图的视图？

（4）选择零件表达方案的步骤如何？

班级 姓名 学号

2．根据阀盖的立体图绘制零件图（按 1:1 画。大作业三：在完成此题的基础上，用 A4 纸画出阀盖的零件图）。

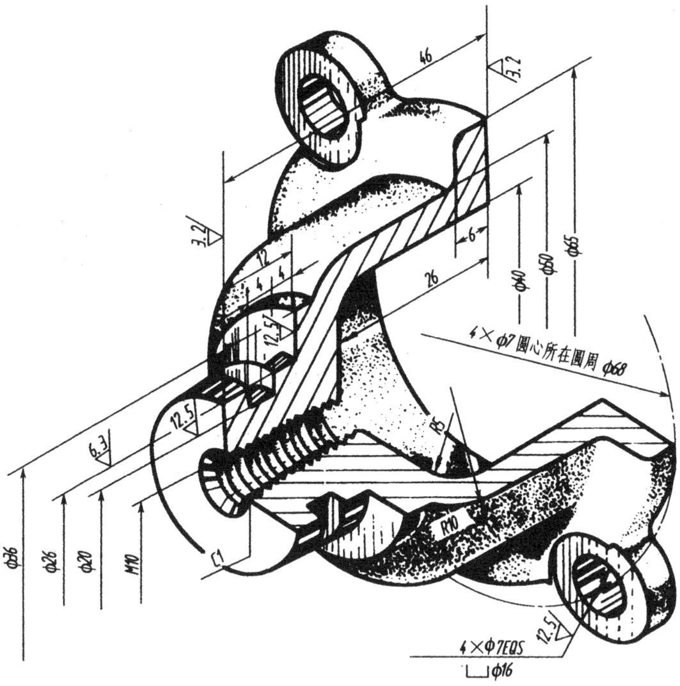

班级　　　　　　　　　　　　　　姓名　　　　　　　　　　　　　　学号

3．根据轴的立体图绘制零件图（按 1:2 画）。

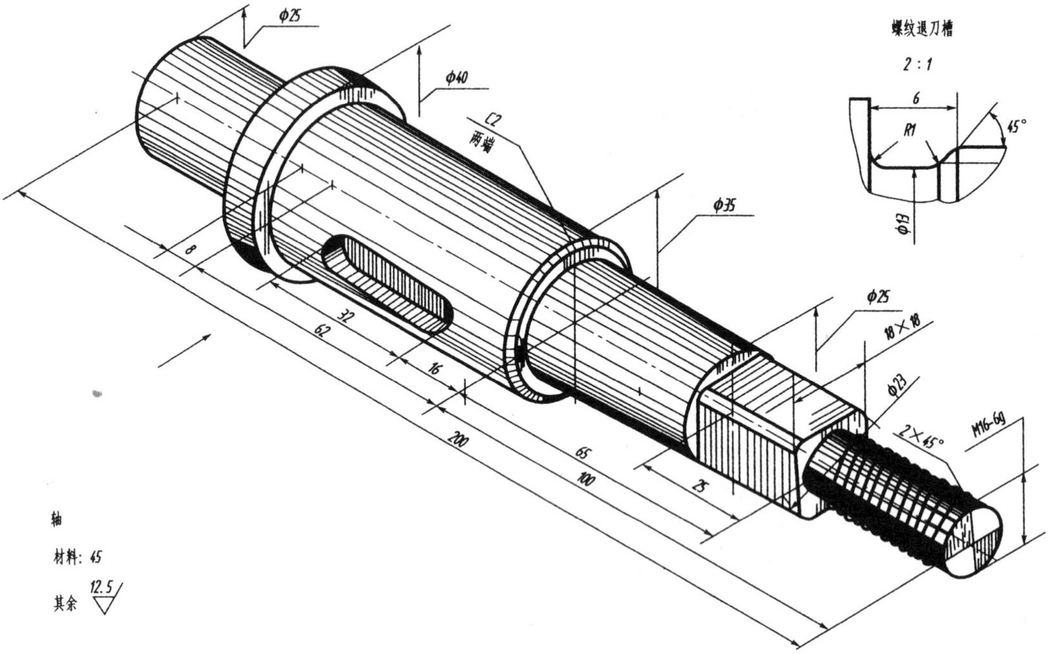

1　零件图的技术要求

1．极限与配合资讯学习

（1）什么是互换性？如何保证？

（2）公称尺寸、实际尺寸、上极限尺寸、下极限尺寸的概念是什么？

（3）偏差、上极限偏差、下极限偏差、基本偏差、公差的概念是什么？

（4）什么是公差带图、公差带、零线？公差带的大小和位置分别由什么确定？标准公差等级有哪些？

（5）孔和轴的基本偏差代号如何？

（6）什么是配合？分为哪些？概念如何？

（7）什么是基孔制？什么是基轴制？在零件图和装配图上如何标注？

班级　　　　　　　　　　　　姓名　　　　　　　　　　　　学号

2．说明$\varnothing 28H7$、$\varnothing 30f6$的含义。

$\varnothing 28H7$中，公称尺寸为________，基本偏差代号为________，标准公差等级为______级的______（孔、轴）。查表可得上、下极限偏差为________，上、下极限尺寸为__________。

$\varnothing 30f6$中，公称尺寸为________，基本偏差代号为________，标准公差等级为______级的______（孔、轴）。查表可得上、下极限偏差为________，上、下极限尺寸为__________。

$\varnothing 26^{0}_{-0.013}$中，$\varnothing 26$是________，上极限偏差为________，下极限偏差为________。

3．滑动轴承组合件的配合尺寸如图所示。

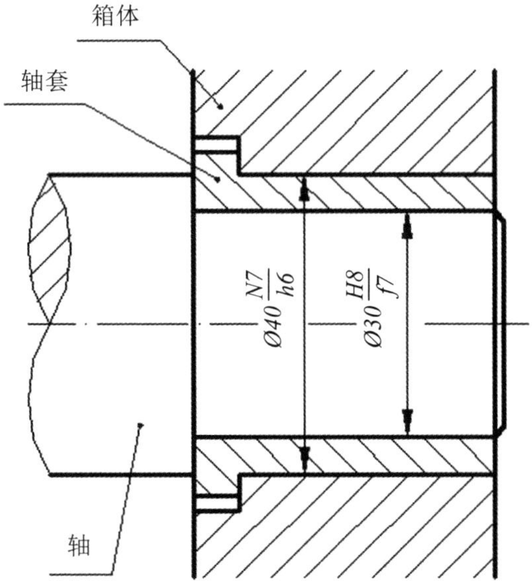

（1）试说明配合尺寸$\varnothing 30\dfrac{H8}{f7}$的含义：

公称尺寸为________，基准制为________。标准公差等级：孔为______级，轴为______级。基本偏差代号：孔为______，轴为______。该配合是________制________配合。

（2）根据上图所注配合尺寸，分别在相应的零件图上注出公称尺寸和公差带代号。

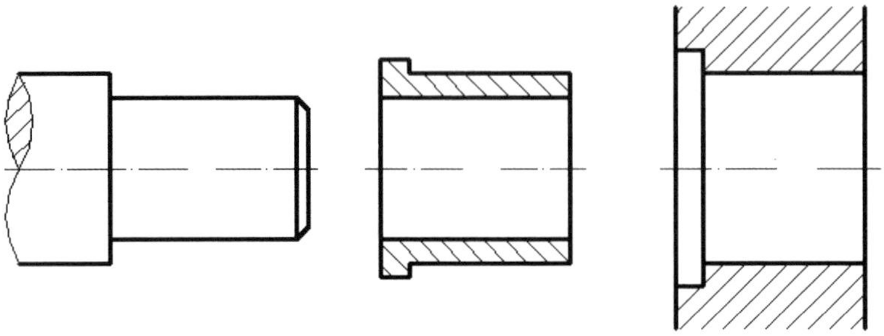

4．读懂下图中极限与配合的装配尺寸，并按要求注写在零件图中。

（1）代号注法。

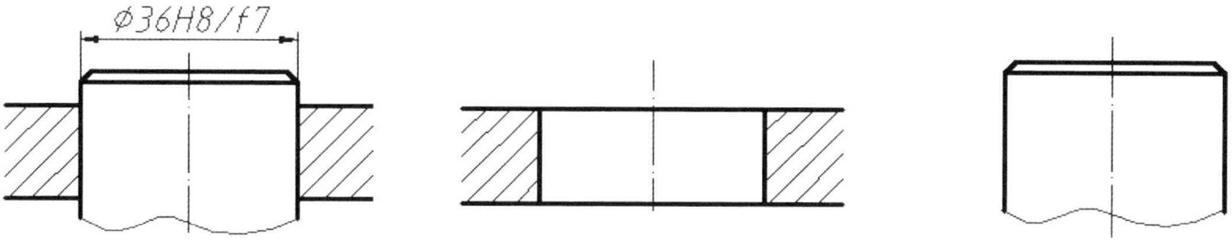

（2）数值注法。

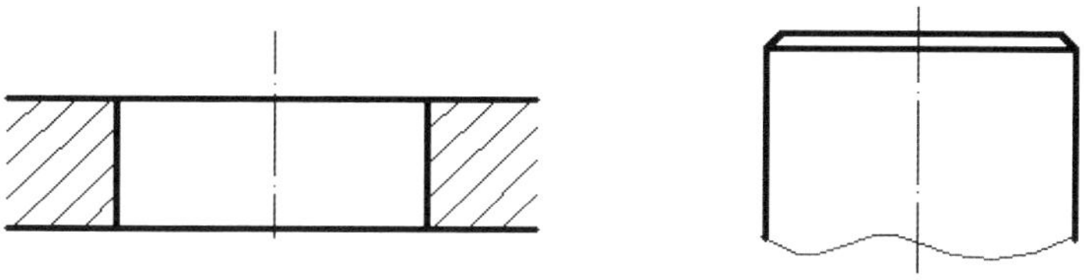

（3）代号数值注法。

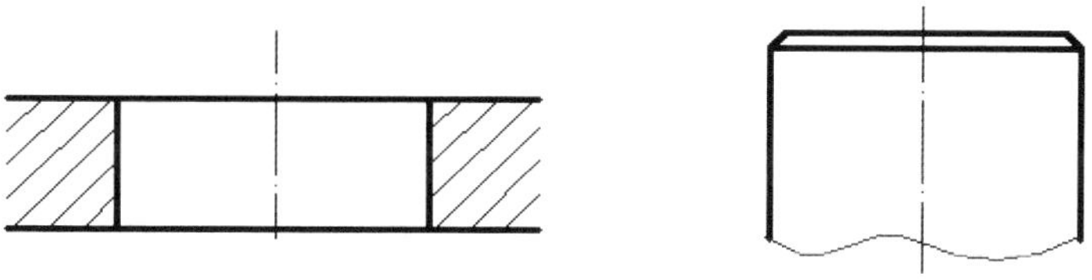

5．根据装配图的配合尺寸，在各零件图中标注出公称尺寸和上下极限偏差，并填空。

（1）齿轮和轴的配合采用基________制，________配合，齿轮的公差带代号为________。

（2）销和轴的配合采用基________制，________配合，销的公差带代号为__________。

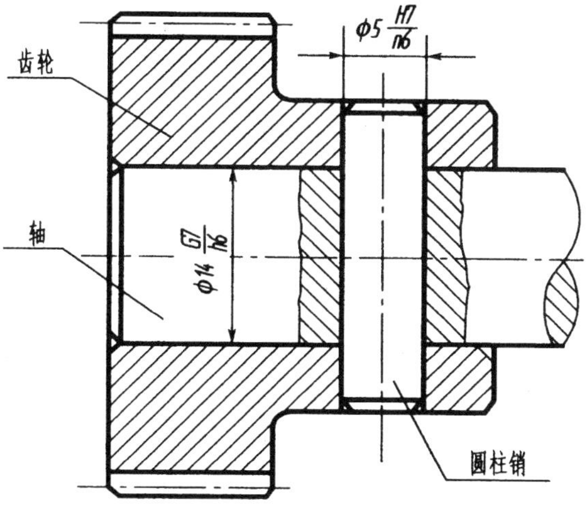

班级　　　　　　　　　　　　姓名　　　　　　　　　　　　学号

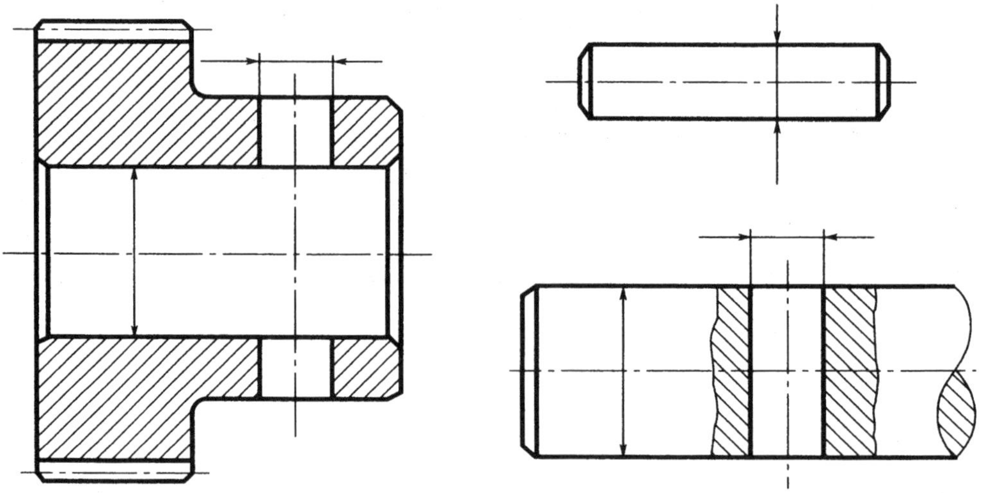

6. 轴和轴承的配合采用基______制，轴的公差带代号为__________，______配合。轴承和壳体的配合采用基______制，壳体的公差带代号为__________，________配合。

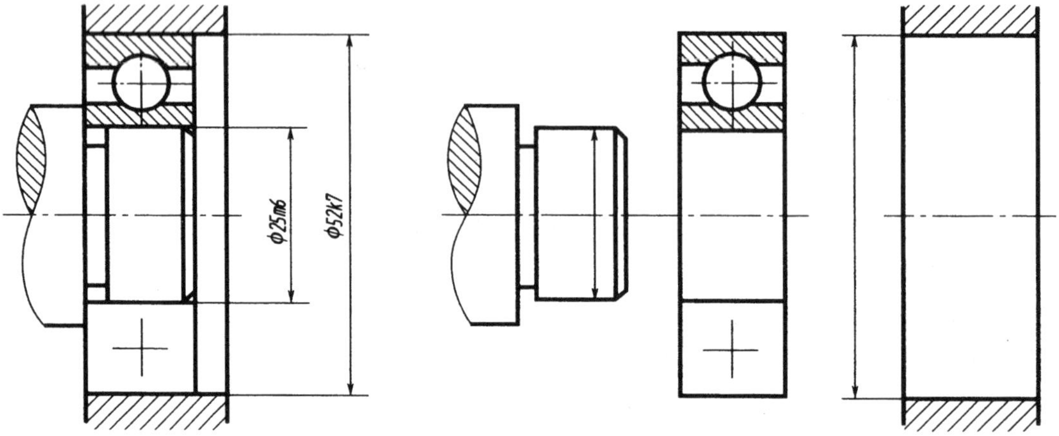

1　零件图的技术要求

1．表面结构要求资讯学习

（1）零件图的技术要求包括哪些？

（2）什么是表面粗糙度轮廓？如何评定？

（3）表面粗糙度轮廓的选择如何？

（4）表面结构符号、代号的标注位置和方法如何？

（5）表面结构要求的简化注法如何？

班级　　　　　　　　　　姓名　　　　　　　　　　学号

1 零件图的技术要求

1．几何公差资讯学习

（1）几何公差的项目及定义如何？

（2）几何公差的几何特征符号如何？

（3）几何公差框格的画法如何？基准符号的画法如何？

（4）要素、基准要素、被测要素的概念？

（5）被测要素如何标注？

（6）基准要素如何标注？

班级 姓名 学号

2．∅25h6 圆柱面对 2× ∅17k5 公共轴线的径向全跳动公差为 0.025；左端∅17k5 轴线对右端∅17k5 轴线的同轴度公差为 0.02；端面 A 对∅25h6 轴线的垂直度公差为 0.04；键槽 8P9 对∅25h6 轴线的对称度公差为 0.03，将其标注在下图中。

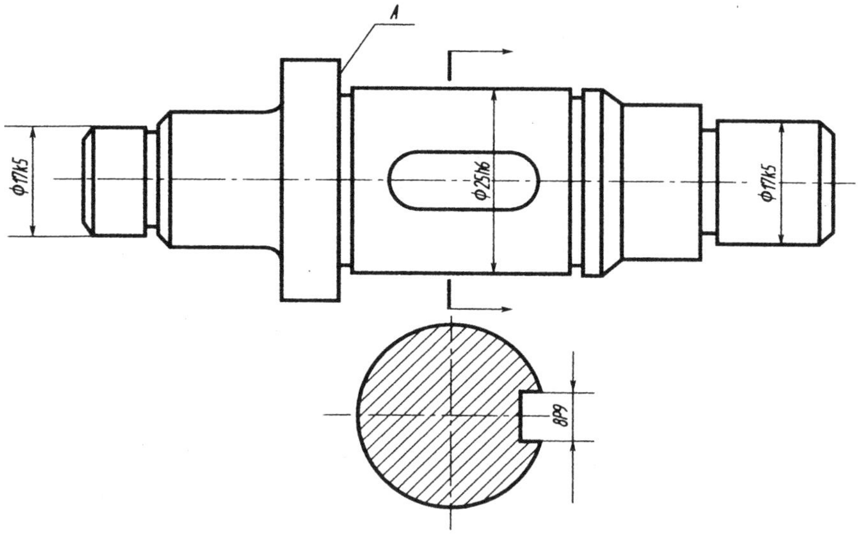

3．解释图中几何公差的含义。

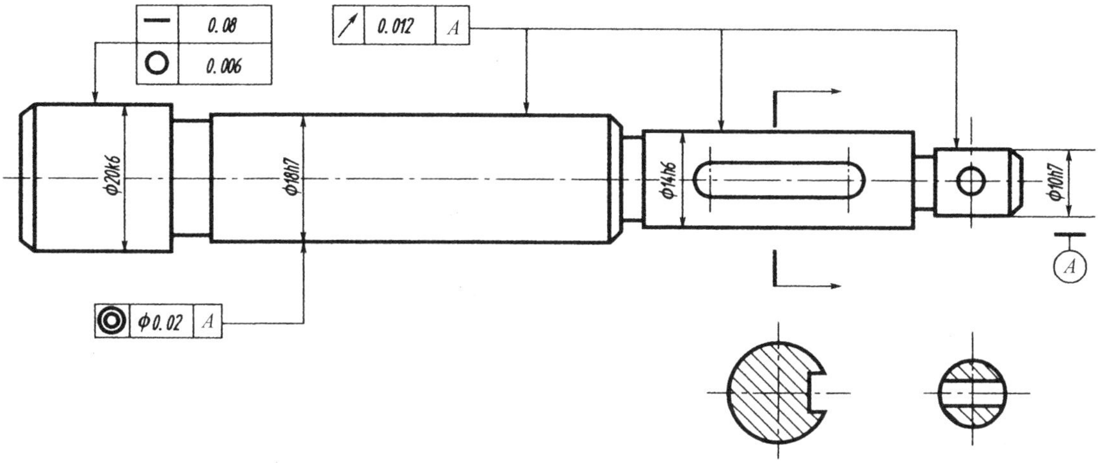

班级　　　　　　　　　　　　姓名　　　　　　　　　　　　学号

2 零件常见的工艺结构

1．资讯学习

（1）铸造零件的工艺结构如何？

（2）零件加工面的常见工艺结构如何？

3　轴套类、盘盖类、叉架类、箱体类零件图的识绘

1．零件图的尺寸标注资讯学习

（1）通过学习轴套类、盘盖类、叉架类、箱体类零件图的识绘，列举一些具体的例子来说明“精益求精”在个人和组织发展中的重要性。

（2）什么是设计基准？什么是工艺基准？

（3）主要基准与辅助基准如何？

（4）零件图中尺寸标注的注意事项如何？

班级　　　　　　　　　　　　姓名　　　　　　　　　　　　学号

3 轴套类、盘盖类、叉架类、箱体类零件图的识绘

1．轴套类零件图的识绘资讯学习

（1）轴套类零件的用途、结构特点如何？

（2）轴套类零件的表达方法如何？

（3）轴套类零件的尺寸标注如何？

（4）轴套类零件的技术要求如何？

班级　　　　　　　　　　姓名　　　　　　　　　　学号

2．读轴的零件图，并回答问题。

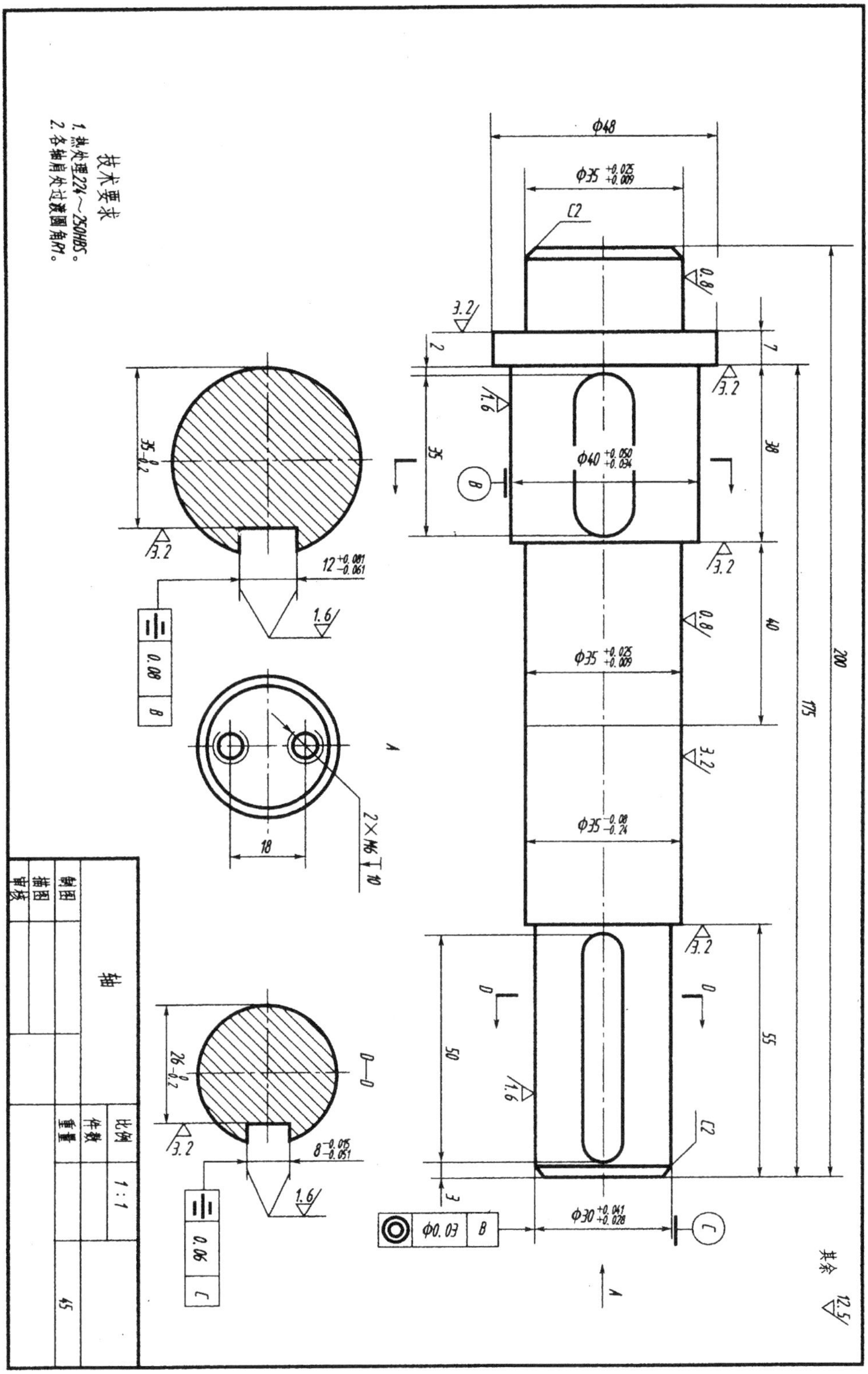

班级　　　　　　　　　　　姓名　　　　　　　　　　　学号

（1）零件名称为____________，材料为____________，比例为________________。

（2）轴用了_______个视图表达，各视图的名称和剖切方法为______________________________________。

（3）轴上两个键槽的宽度分别为________________，深度为__________________，长度方向的定位尺寸为__________________。

（4）尺寸$\varnothing 35^{+0.025}_{+0.009}$的上极限尺寸是_______________，下极限尺寸是______________，公差是__________。

（5）在轴的加工表中，要求最高的表面粗糙度轮廓代号为_________________，这种表面有______________处。

（6）图中有_____处几何公差代号，解释框中[⌯ | 0.08 | B]的含义，被测要素是__________，基准要素是__________，公差项目是___________，公差值是_______________。

3．读轴套的零件图，并回答问题。

（1）零件名称为____________，材料为____________，比例为________________，属于____________比例。

（2）零件用了________个图形表达，主视图是__________，*A*—*A* 是____________图，*B*—*B* 是__________图，*D*—*D* 是__________图，还有一个________图。

（3）在主视图中，左边两条虚线的距离是________，与两条虚线右边相连圆的直径是________。中间正方形的边长是_______。中间 40 长的圆柱孔的直径是____________。

（4）零件长度方向的尺寸基准是_______________，宽度方向和高度方向的尺寸基准是_______________。

（5）主视图中，227 和 142±0.1 属于____________尺寸，40 和 49 属于____________尺寸，图中①所指的曲线是_______与_____的相贯线，图中②所指的曲线是_______与______的相贯线。

（6）尺寸$\varnothing 132 \pm 0.2$ 的上极限尺寸是__________，下极限尺寸是__________，公差是____________。

（7）[◎ | φ0.04 | C]表示：__________圆柱的__________对____________圆柱孔轴线的____________，公差值为__________。

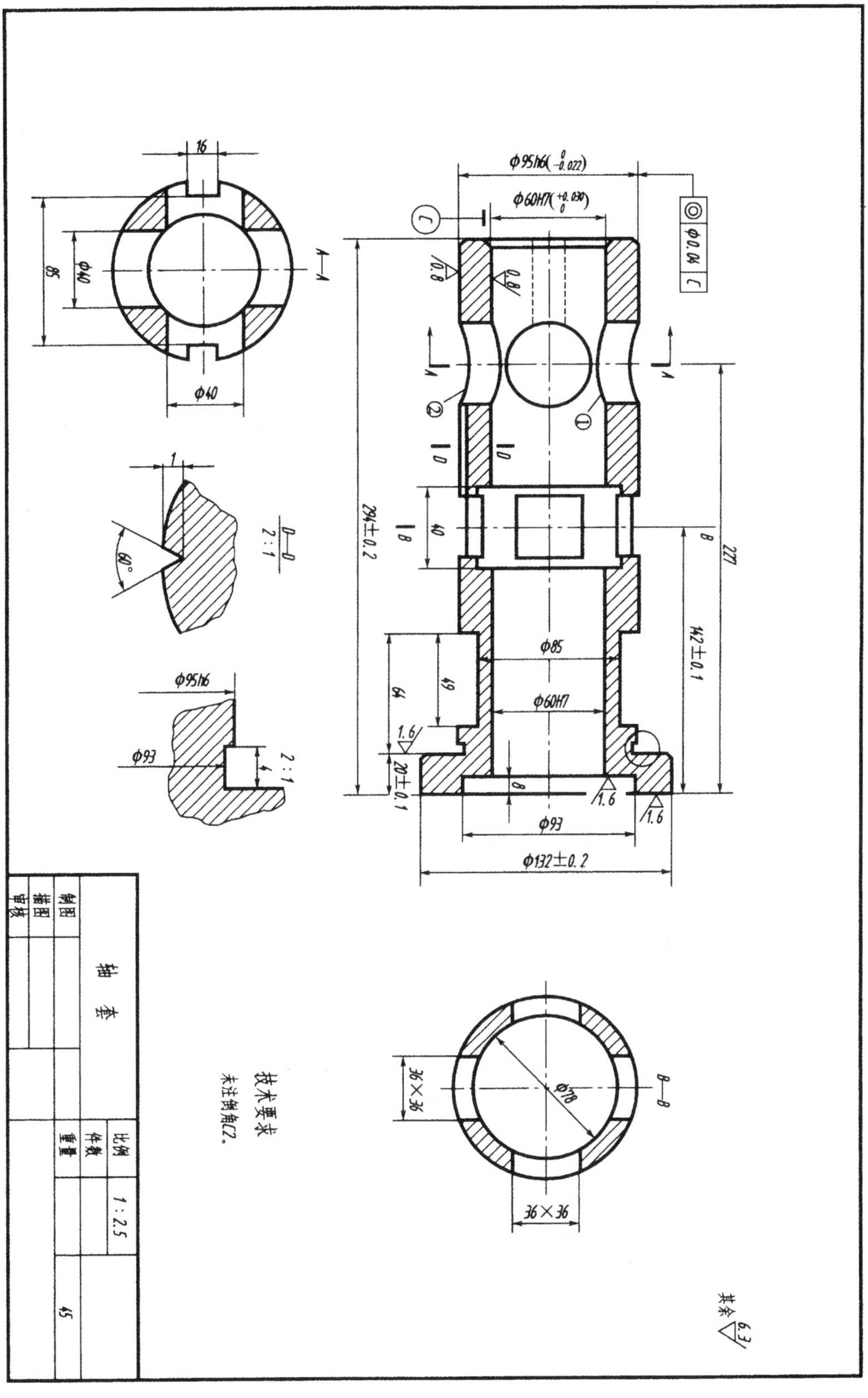

轴套
制图
描图
审核
比例 1:2.5
件数
重量
45
技术要求
未注倒角C2。
其余 6.3
A—A
B—B
D—D 2:1
2:1
φ95h6($^{0}_{-0.022}$)
φ60H7($^{+0.030}_{0}$)
φ0.04 C
294±0.2
227
142±0.1
20±0.1
φ85
φ60H7
φ93
φ132±0.2
φ78
36×36
φ40
85
16
60°
φ95h6

3 轴套类、盘盖类、叉架类、箱体类零件图的识绘

1．盘盖类零件图的识绘资讯学习

（1）盘盖类零件的用途、结构特点如何？

（2）盘盖类零件的表达方法如何？

（3）盘盖类零件的尺寸标注如何？

（4）盘盖类零件的技术要求如何？

班级　　　　　　　　　　　　姓名　　　　　　　　　　　　学号

2．读盘盖类图回答问题。

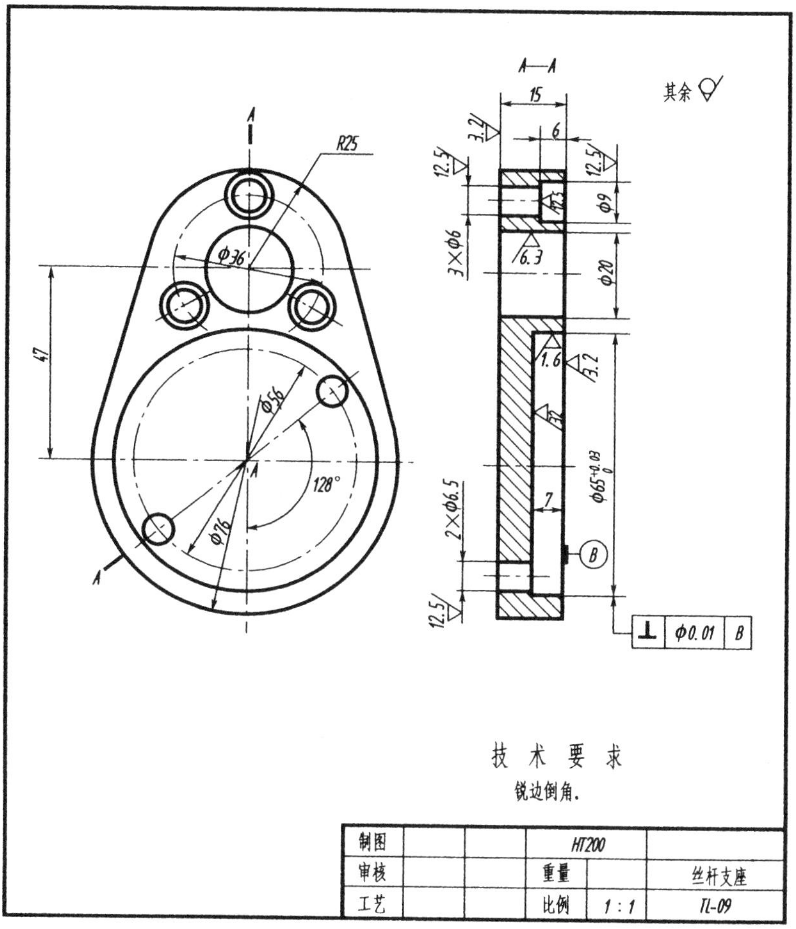

（1）零件的名称是______，比例是______，材料是______，其中 HT 表示______，200 表示______。

（2）零件用了______个基本视图，其中 $A-A$ 是______剖切的______图。

（3）尺寸 2×∅6.5 表示有______个公称尺寸是______的孔，其定位尺寸是______。

（4）图中有 3 个沉孔，其大孔直径是______，深度是______，小孔直径是______，其定位尺寸是______。

（5）尺寸 $\varnothing65^{+0.03}_{0}$ 的公称尺寸是______，上极限尺寸是______，下极限尺寸是______，上极限偏差是______，下极限偏差是______，公差是______。

（6）零件加工表面粗糙度轮廓要求最小的是______，最大的是______，其他表面粗糙度轮廓代号是______。

（7）图中框格表示被测要素是______，基准要素是______，公差项目是______，公差值是______。

3．读盘盖类图回答问题。

（1）分析压盖的表达方法。

（2）图中哪些尺寸有公差要求？

（3）①、②、③处表面粗糙度轮廓值为多少？

（4）在视图上宽 10 的槽有几个？槽深为多少？

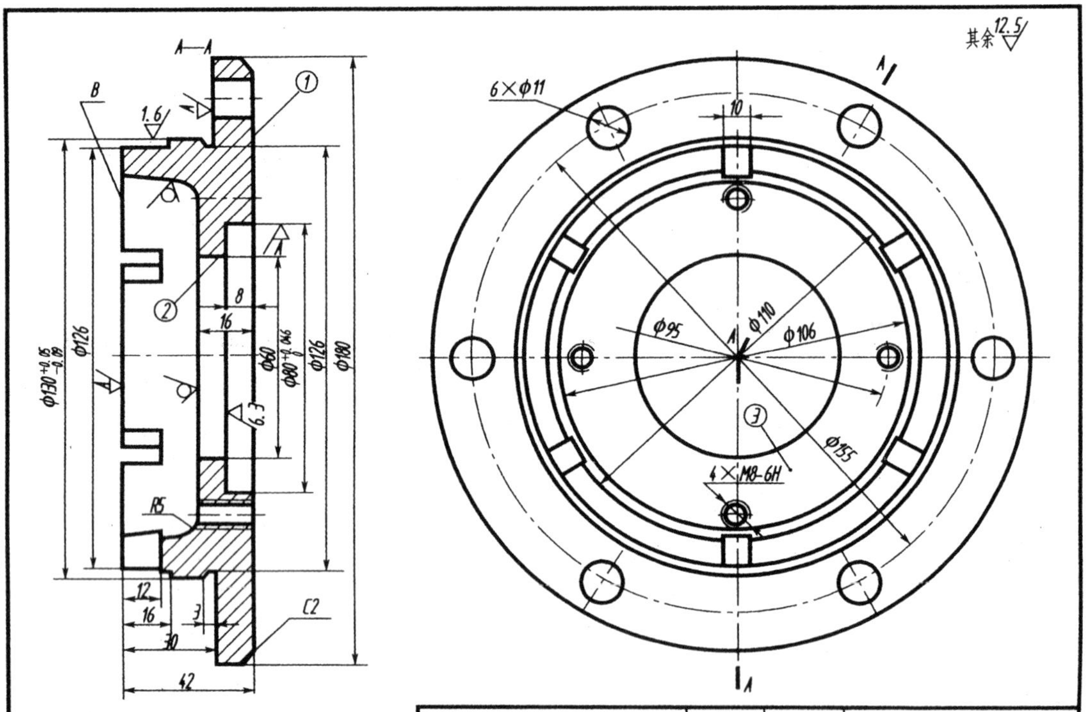

压 盖			比例	1 : 2	
			件数		
班级			重量		HT200
制图					
审核					

3　轴套类、盘盖类、叉架类、箱体类零件图的识绘

1．叉架类零件图的识绘资讯学习

（1）叉架类零件的用途、结构特点如何？

（2）叉架类零件的表达方法如何？

（3）叉架类零件的尺寸标注如何？

（4）叉架类零件的技术要求如何？

2．读拨叉的零件图，并回答问题。

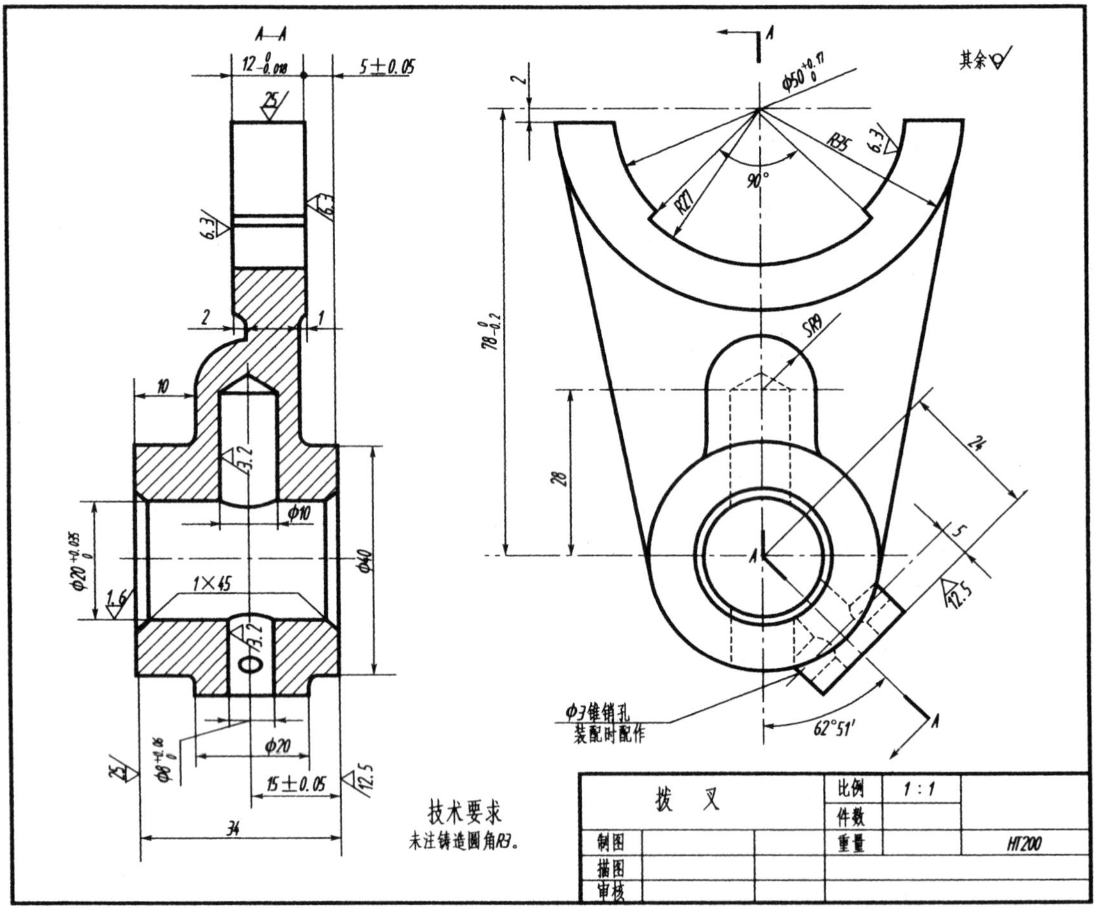

（1）∅40 外圆柱面的表面粗糙度轮廓要求是_______，其两端面的表面粗糙度轮廓值要求分别是__________、____________。

（2）∅10 孔的定位尺寸是____________。

（3）$\varnothing 8^{+0.06}_{0}$ 孔的定位尺寸是___________。

（4）∅3 锥销孔的定位尺寸是__________。

（5）*A*—*A* 剖视图是采用_______剖切方法得到的_______视图。

（6）∅20 凸台端面的表面粗糙度轮廓要求是_______。

班级　　　　　　　　　　姓名　　　　　　　　　　学号

3　轴套类、盘盖类、叉架类、箱体类零件图的识绘

1．箱体类零件图的识绘资讯学习

（1）箱体类零件的用途、结构特点如何？

（2）箱体类零件的表达方法如何？

（3）箱体类零件的尺寸标注如何？

（4）箱体类零件的技术要求如何？

班级　　　　　　　　　　　　　姓名　　　　　　　　　　　　　学号

2．读泵体零件图，并回答问题。

（1）泵体共享了__________个图形表达，主视图作了__________剖视，左视图上有__________处作了__________剖视，$A-A$ 称为__________图，K 向称为__________图。

（2）泵体长方形底板的定形尺寸是______________，底板两沉孔的定形尺寸是________________。

（3）左视图上最大的粗实线圆的直径是____________，其最小粗实线圆的尺寸是__________，K 向视图中三个同心粗实线圆的直径分别是__________、__________、__________。

（4）泵体上共有大小不同的螺孔__________个，它们的螺纹标注分别是____。

（5）解释 $\varnothing 60H7$ 的含义____。

（6）解释 $G1/8$ 的含义____。

（7）解释符号 ⊥ 0.02 A 的含义____。

班级　　　　姓名　　　　学号

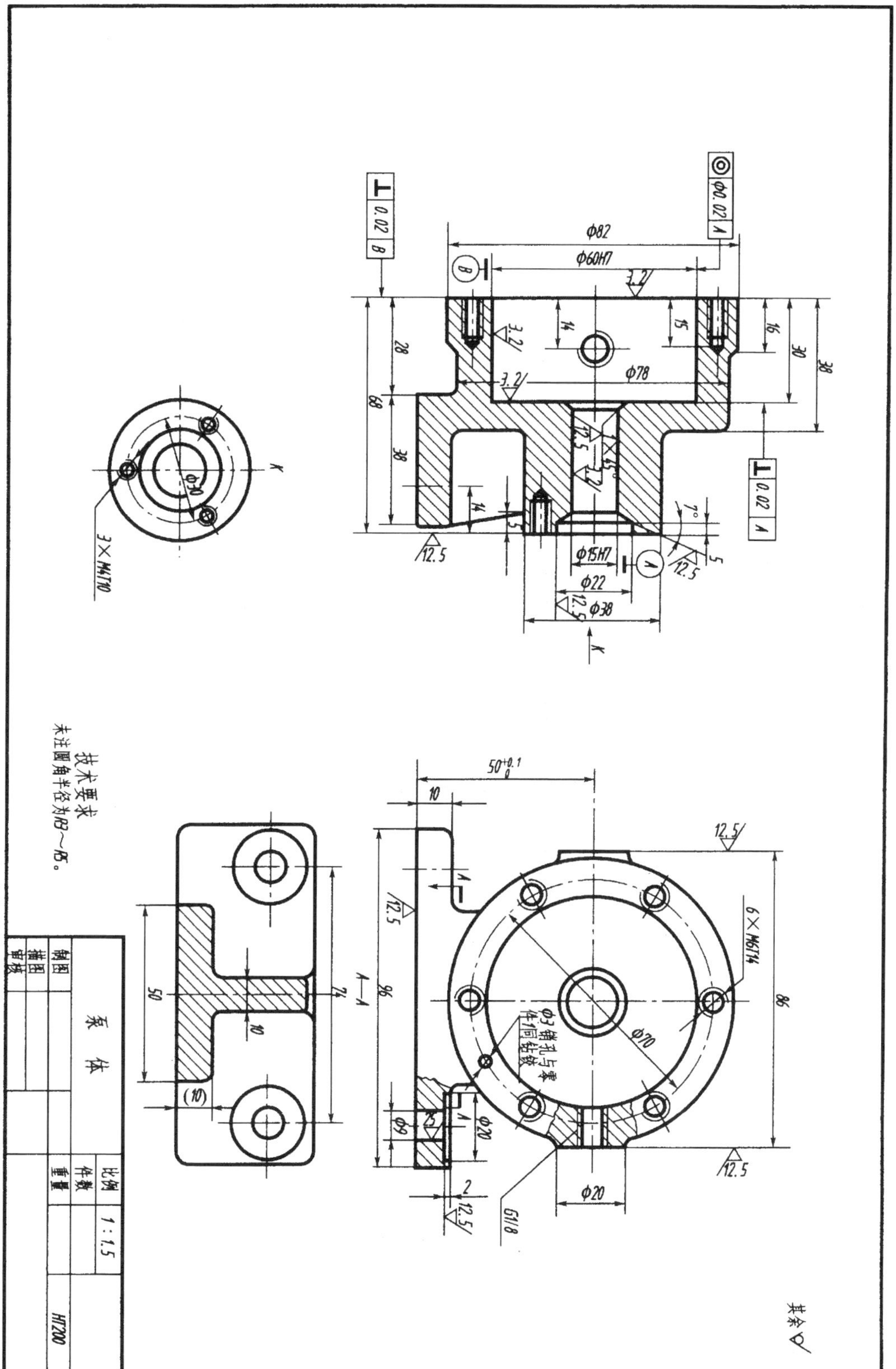
技术要求
未注圆角半径为R3～R5。
泵体
比例 1:1.5
件数
重量
HT200
制图
描图
审核
其余
A—A
6×M6T14
3×M4T10
G1/8
Φ3销孔与零件1同钻铰

班级　　　　姓名　　　　学号

4 计算机绘制零件图

1．资讯学习

计算机绘制零件图的步骤如何？

班级 姓名 学号

2．用计算机绘制如下所示的零件图。

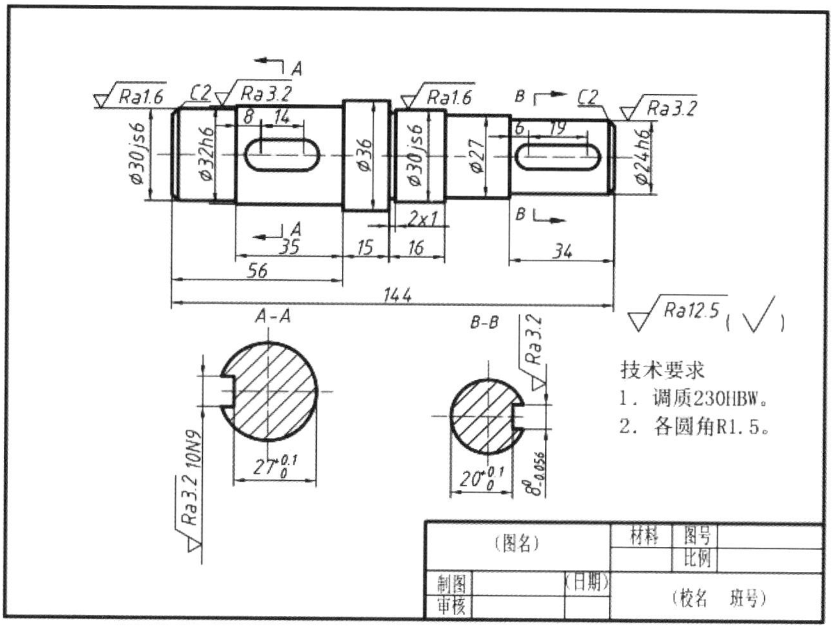

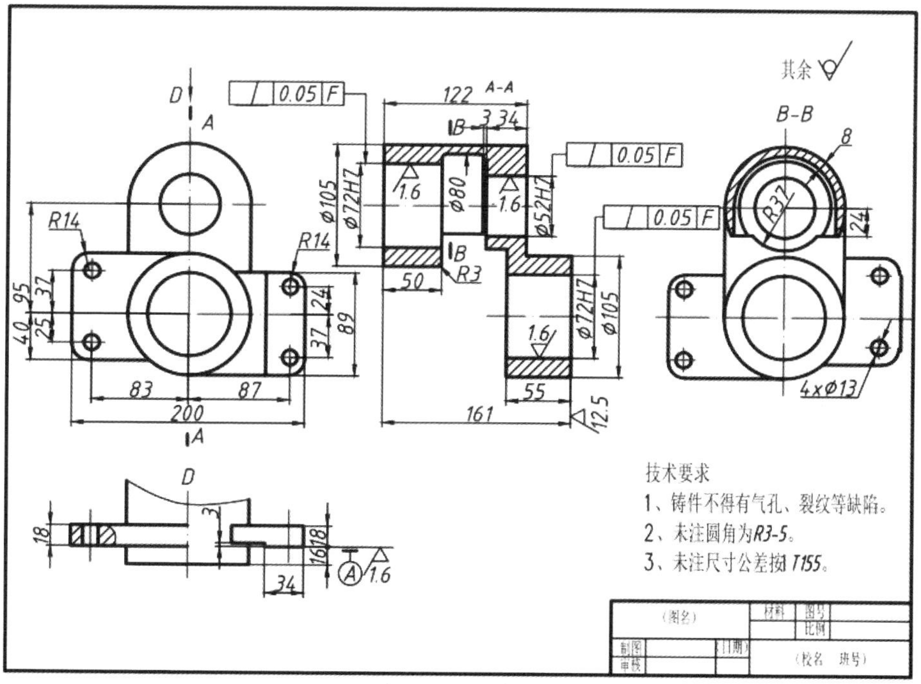

子学习情境 4.3 装配图的识绘

1 装配图的技术要求

1．装配图的作用、内容资讯学习

（1）通过装配图的技术要求的学习，简述遵守职业规范如何确保工作的准确性、可靠性和高质量？

（2）装配图的内容包括什么？

班级　　　　　　　　　　姓名　　　　　　　　　　学号

1　装配图的技术要求

1．装配图的尺寸标注和技术要求资讯学习

（1）装配图中的尺寸包括什么？

（2）装配图中的技术要求包括什么内容？

2．说出齿轮油泵装配图中的四大尺寸。

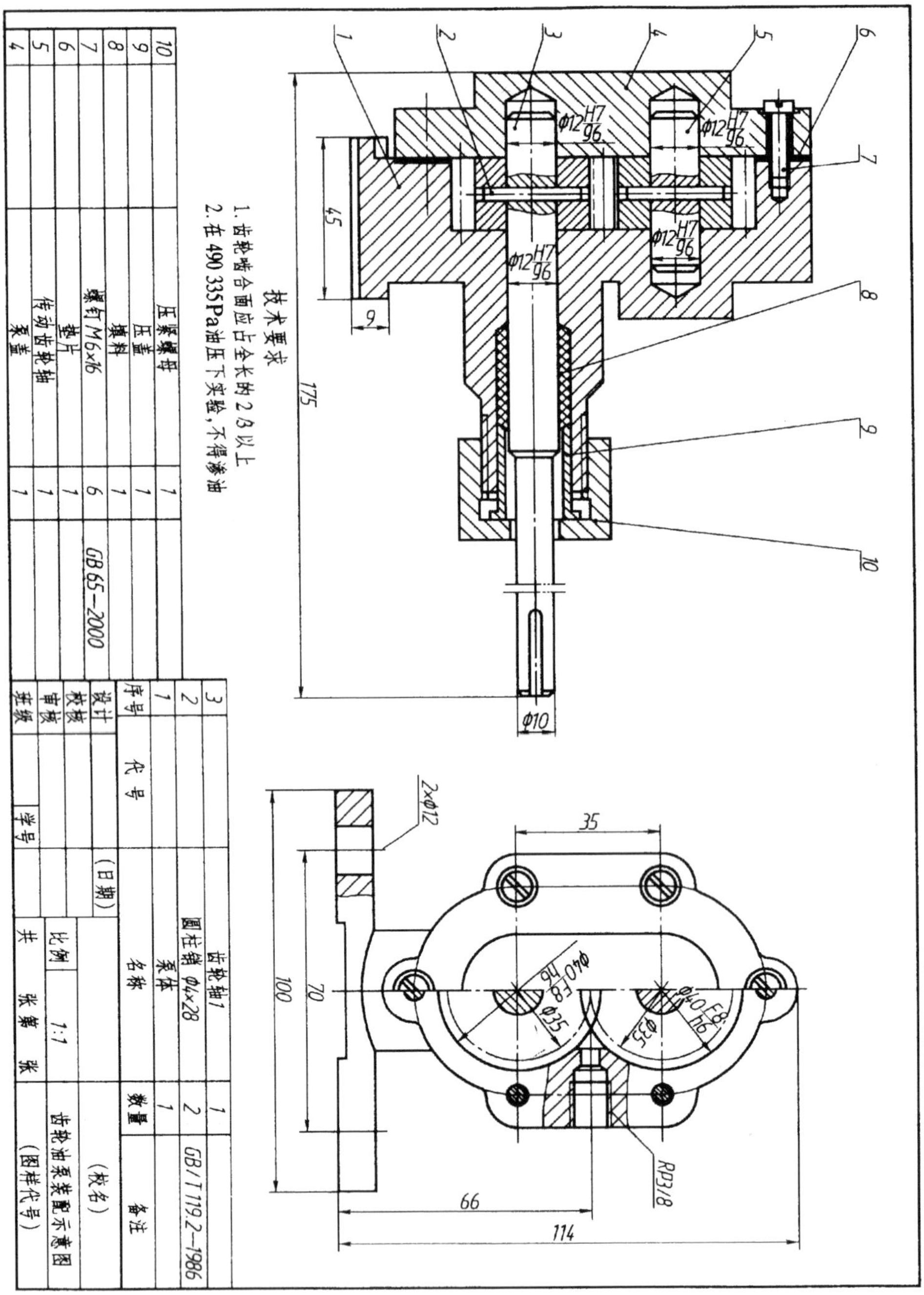

班级　　　　　　　　姓名　　　　　　　　学号

1　装配图的技术要求

1．装配图的零件序号和明细栏资讯学习

（1）在装配图中零、部件序号的一般规定如何？序号的标注形式如何？

（2）序号的编排方法如何？其他规定如何？

（3）什么是明细栏？画法如何？

（4）明细栏的填写如何？

2 装配体的工艺结构

1．资讯学习

（1）在装配体的工艺结构中，两零件间的接触面有什么要求？

（2）在装配体工艺结构中，并紧、定位及锁紧结构有哪些？

（3）在装配体工艺结构中，对于装拆有什么要求？

班级 姓名 学号

3　装配图的识绘

1．装配图的绘制资讯学习

（1）通过装配图的绘制的学习，说明如何培养和提高法律法规意识？

（2）装配图的规定画法如何？装配图的特殊表达方法如何？

（3）装配图视图的选择要求如何？

（4）画装配图的方法和步骤如何？

班级　　　　　　　　　　　　姓名　　　　　　　　　　　　学号

2. 读装配图，并回答问题。

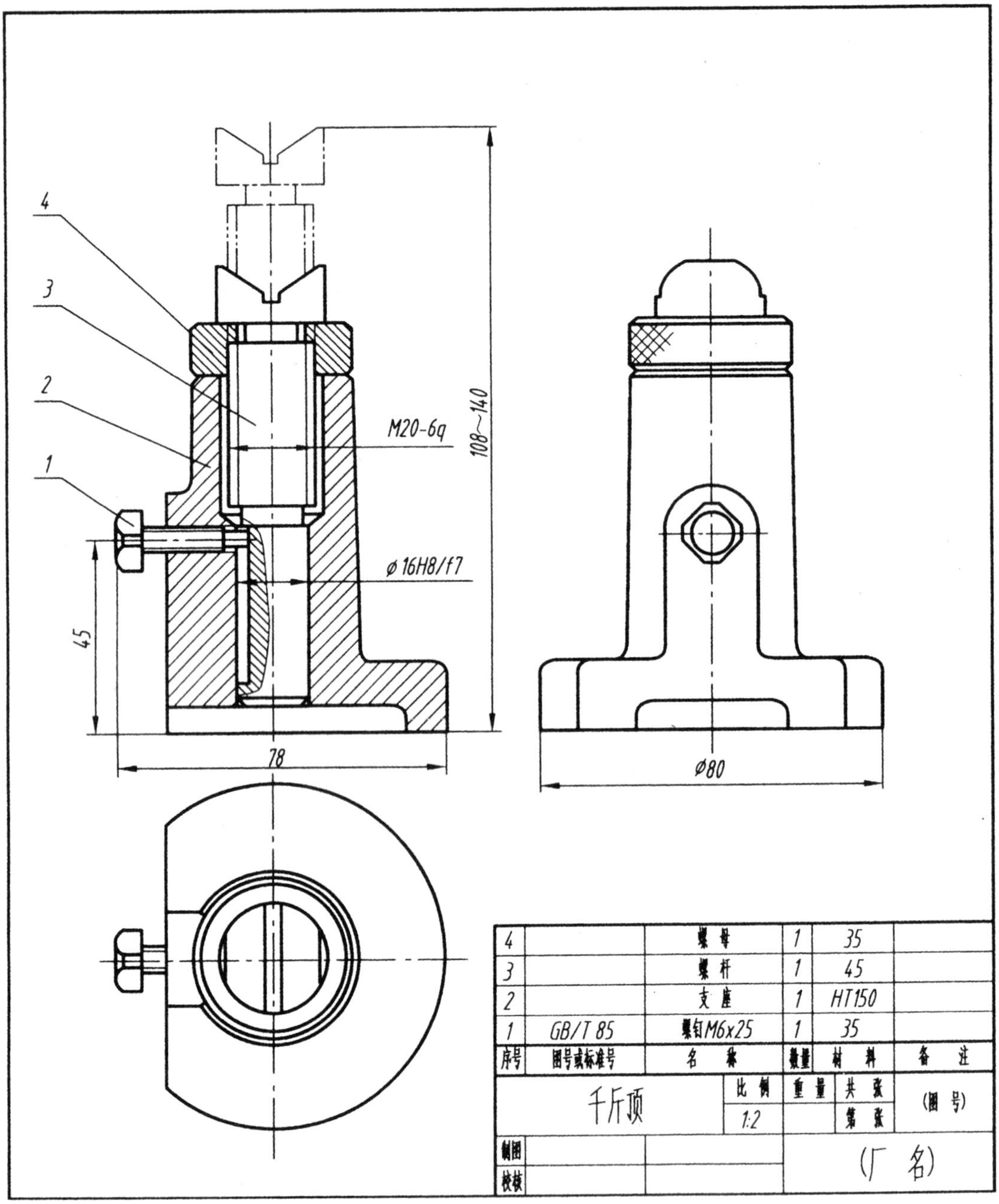

序号	图号或标准号	名 称	数量	材 料	备 注
4		螺 母	1	35	
3		螺 杆	1	45	
2		支 座	1	HT150	
1	GB/T 85	螺钉M6x25	1	35	

千斤顶	比 例	重 量	共 张	(图 号)
	1:2		第 张	
制图			(厂 名)	
校核				

(1) 叙述绘制图示千斤顶装配图的过程。

(2) 千斤顶的功能是什么？由什么零件组成？

(3) 该装配图由哪几个视图表达？主视图采用了哪些表达方法？

(4) 螺钉 1 和螺母 4 起什么作用？

(5) 试述千斤顶的装配顺序。

(6) 简述千斤顶工作时的操作过程。

班级　　　　　　　　　　姓名　　　　　　　　　　学号

班级　　　　　　　　　　姓名　　　　　　　　　　学号

3 装配图的识绘

1．装配图的识读资讯学习

（1）通过装配图的识读学习，谈谈在现代社会中，培养团结协作，提高社会责任感的重要性？

（2）识读装配图的方法和步骤如何？

班级　　　　　　　　　　　　姓名　　　　　　　　　　　　学号

2．读机用虎钳的装配图，并回答问题。

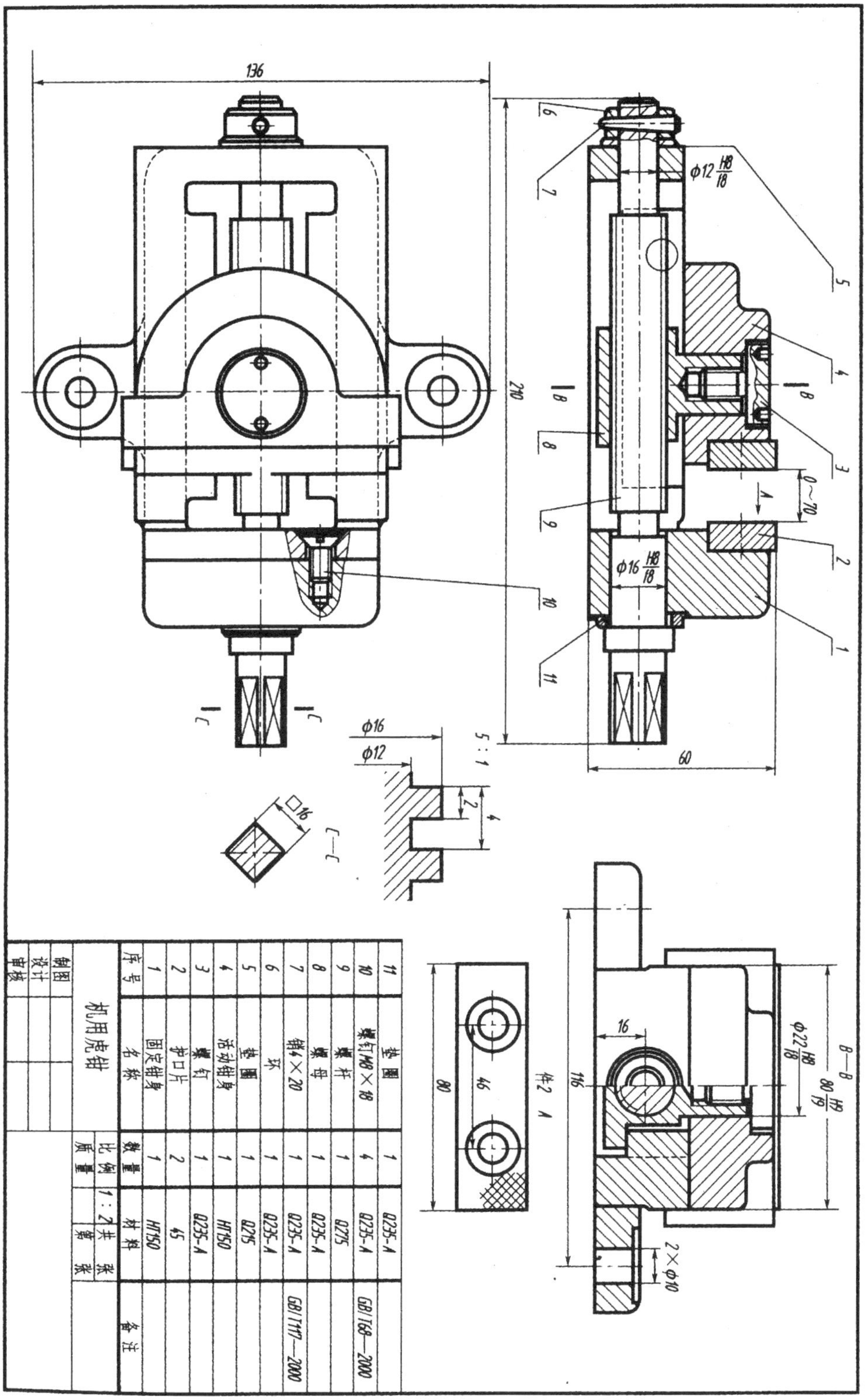

序号	名称	数量	材料	备注
1	固定钳身	1	HT150	
2	护口片	2	45	
3	螺钉	1	Q235-A	
4	活动钳身	1	HT150	
5	垫圈	1	Q275	
6	环	1	Q235-A	
7	销4×20	1	Q235-A	GB/T117—2000
8	螺母	1	Q235-A	
9	螺杆	1	Q275	
10	螺钉M8×18	4	Q235-A	GB/T68—2000
11	垫圈	1	Q235-A	

机用虎钳	比例	1 : 2	共　张	
	质量		第　张	
制图				
设计				
审核				

班级　　　　　　　　　　　　姓名　　　　　　　　　　　　学号

（1）该装配体共由______________种零件组成。

（2）该装配图共有__________个图形。它们分别是________、________、________、________、________、________。

（3）按装配图的尺寸分类，尺寸 0～70 属于_________________尺寸，尺寸 116 属于_________________尺寸，尺寸 210、136、60 属于_________________尺寸。

（4）件 2 与件 1 为_____________连接，件 6 与件 9 是由_______________连接的。

（5）断面图 *C*－*C* 的表达意图是____。

（6）局部放大图的表达意图是____。

（7）螺杆 9 旋转时，件 8 做____________________运动，其作用是____。

（8）件 9 螺杆与件 1 固定钳身左右两端的配合代号是______________________，它们表示是_____________制，___________配合。

（9）件 4 与件 8 是通过______________来固定的。

（10）件 3 上的两个小孔的用途是____。

（11）简述装配体的装、拆顺序。

（12）简述机用虎钳的工作原理。

4　计算机绘制装配图

1. 资讯学习

（1）计算机绘制装配图的方法如何？

（2）计算机绘制装配图的步骤如何？

班级　　　　　　　　　　姓名　　　　　　　　　　学号

2. 用 AutoCAD 画出下面的零件图并由零件图拼画装配图。

由零件图拼画装配图

一. 作业目的

熟悉和掌握装配图的内容及装配图的表达方法。

二. 作业内容和要求

1. 仔细阅读千斤顶的每张零件图并参照本页的装配示意图，拼画出千斤顶装配图。

2. 绘图比例及图纸幅面，根据千斤顶零件图的尺寸自己确定。

三. 注意事项

1. 搞清千斤顶的工作原理及各个零件的装配连接关系。

2. 根据千斤顶的装配示意图及零件图，选定表达方案，要先在草图上试画，经检查无误后，再正式着手绘制。

3. 标准件按本页相关图例绘制。

4. 应注意相邻零件剖面线的方向和间隔要有明显区别。

5. 标题栏和明细栏按教材绘制。

千斤顶工作原理图

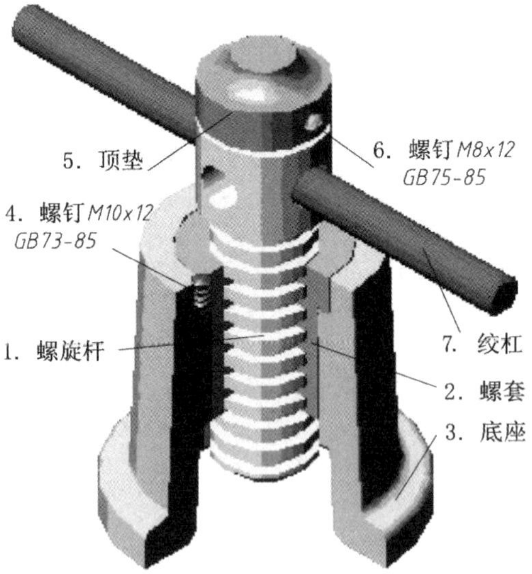

班级　　　　姓名　　　　学号

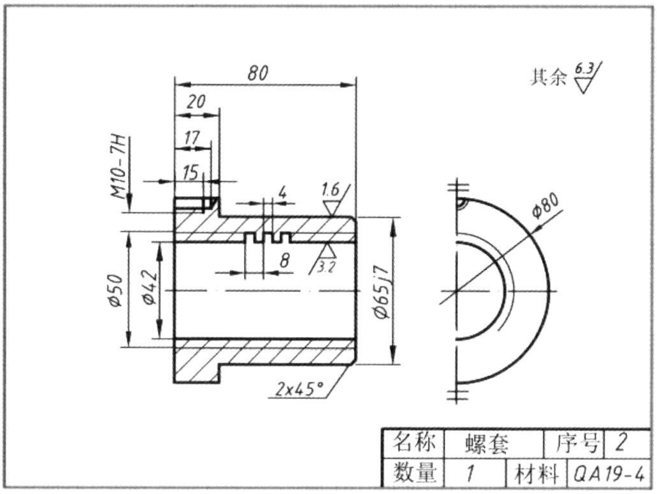
其余 6.3
80
20
17
15
M10-7H
4
1.6
8
3.2
Ø50
Ø42
Ø65j7
2x45°
Ø80
名称 螺套 序号 2
数量 1 材料 QA19-4

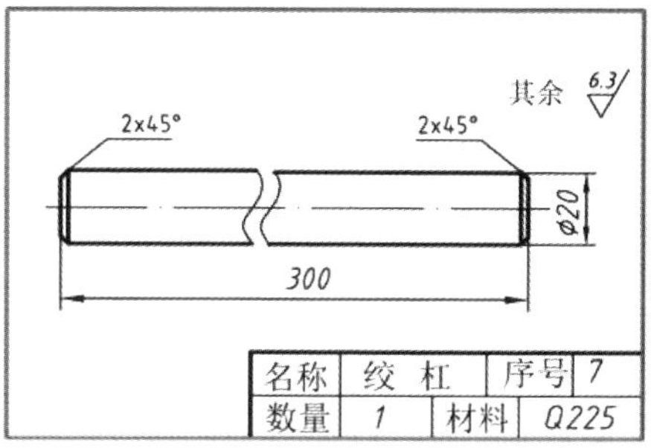
其余 6.3
2x45°
2x45°
Ø20
300
名称 绞 杠 序号 7
数量 1 材料 Q225

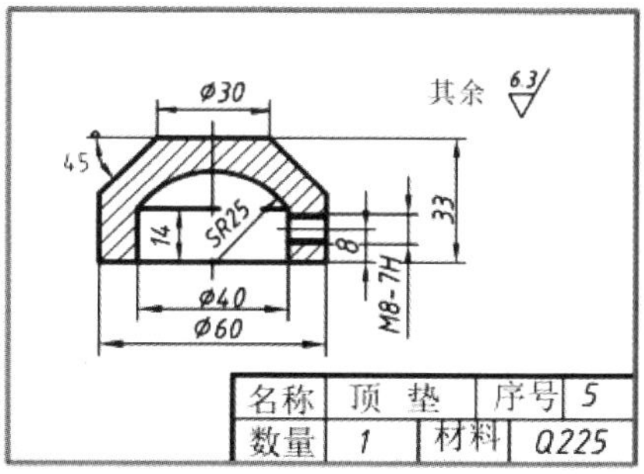
其余 6.3
Ø30
45
SR25
14
8
33
M8-7H
Ø40
Ø60
名称 顶 垫 序号 5
数量 1 材料 Q225

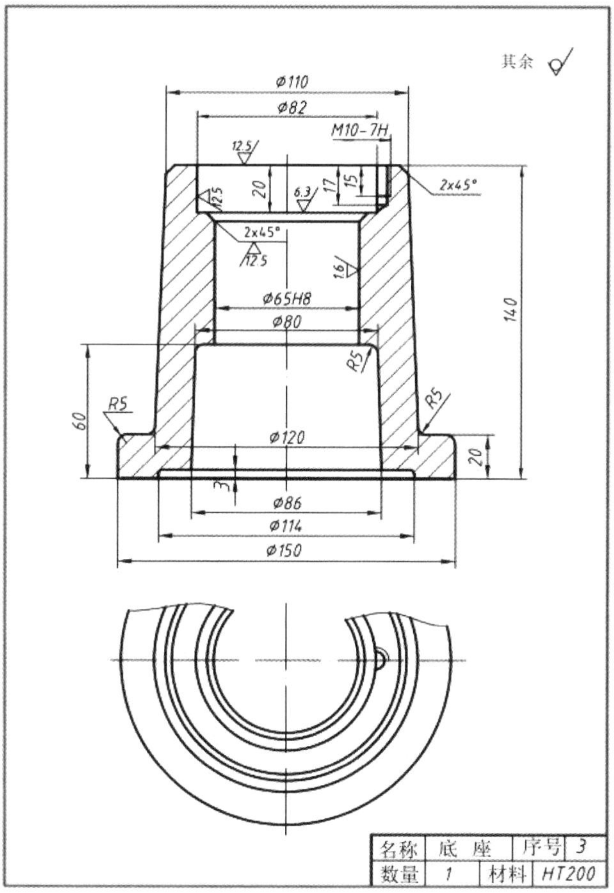
其余
Ø110
Ø82
M10-7H
12.5
20
6.3
17
15
2x45°
2x45°
12.5
1.6
Ø65H8
Ø80
140
R5
60
R5
R5
Ø120
20
3
Ø86
Ø114
Ø150
名称 底 座 序号 3
数量 1 材料 HT200

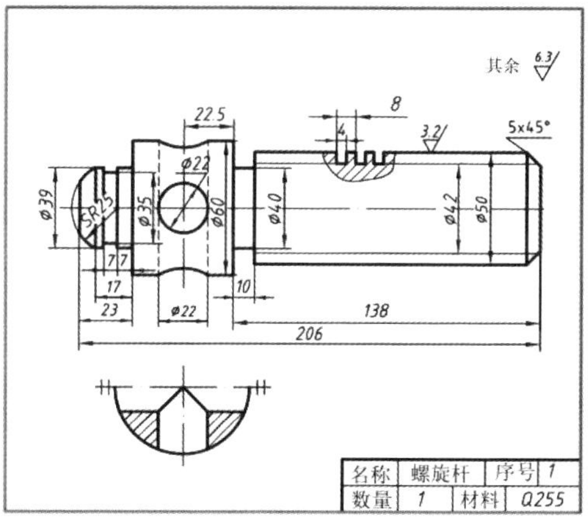
其余 6.3
22.5
8
4
3.2
5x45°
Ø22
Ø39
SR25
Ø35
Ø60
Ø40
Ø42
Ø50
7 7
17
23
Ø22
10
138
206
名称 螺旋杆 序号 1
数量 1 材料 Q255

班级　　　　　　　　姓名　　　　　　　　学号

一、绘制装配图的说明及绘图步骤

1．经分析部件的工作原理，确定装配图采用一个全剖的主视图来表达，应当注意的是绞杠、螺旋杆属于杆类实心件，所以这两个零件按不剖绘制。

2．螺旋杆和螺套旋合处为方牙螺纹（特殊螺纹），画装配图时需要用局部剖视来表达，其放大图如下图。

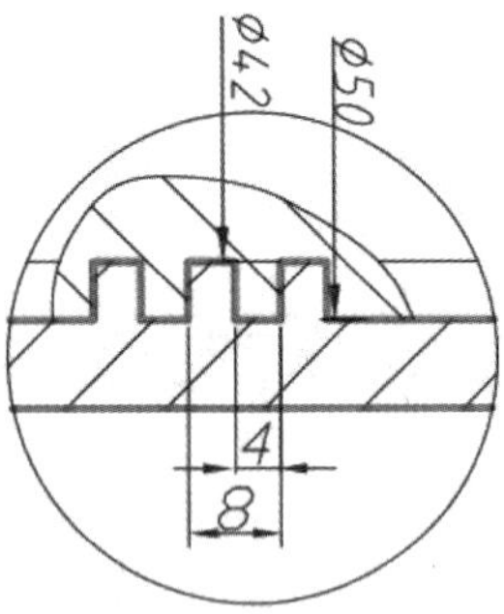

3．图幅为A3图纸竖放，画图比例采用1:1。

4．画图顺序：先画主装配线（先画主体零件底座，再按顺序画主配配线上的其他零件，依次为螺套、螺旋杆、绞杠、顶垫），最后画处螺钉连接。

5．尺寸标注

总体尺寸：总长（宽）、总高

配合尺寸：∅65*H8/j7*

连接尺寸：见下图

其他尺寸：底座外径

6．技术要求

（1）本产品的顶举高度50mm。

（2）螺套、底座之螺孔在装配时加工。

4 号件：螺钉 *GB/T73-85 M10x12* 装配处的局部放大图（图中螺钉采用了简化画法）。

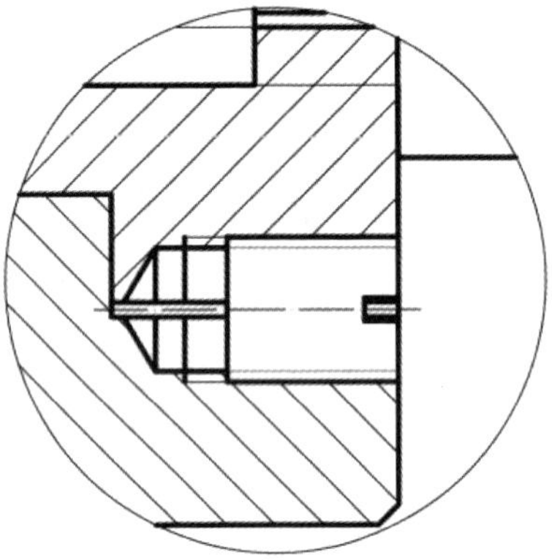

二、标准件及装配放大图：4号件：螺钉*GB/T73-85 M10x12* 如下图所示。

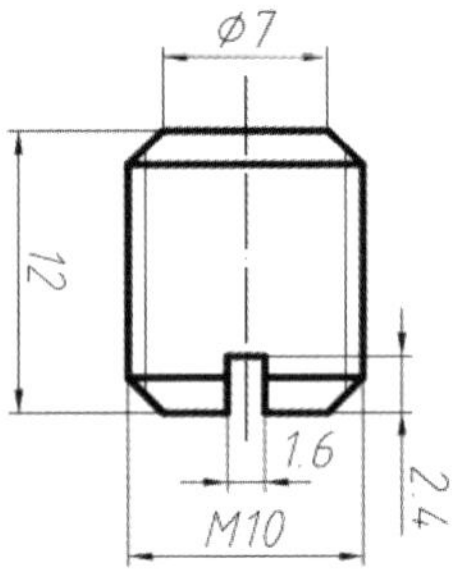

6 号件：螺钉 *GB/T75-85 M8x12* 装配处的局部放大图（图中螺钉采用了简化画法）。

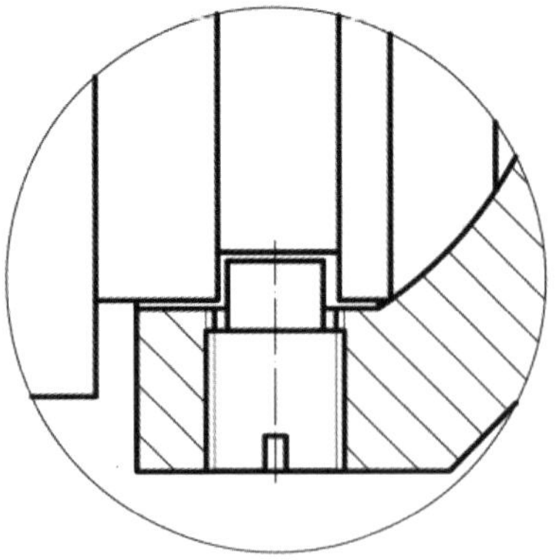

6 号件：螺钉 *GB/T75-85 M8x12* 如下图所示。

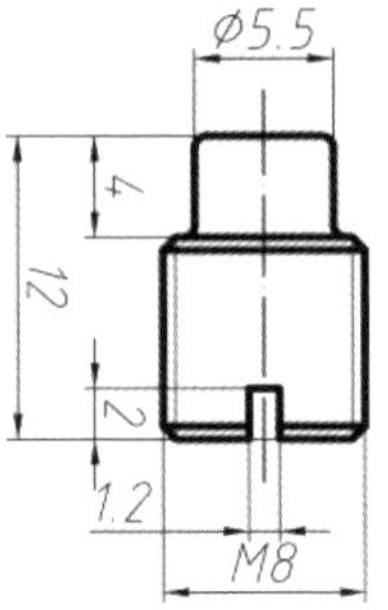

班级　　　　　　姓名　　　　　　学号

参考文献

[1] 国家技术监督局．技术制图与机械制图[M]．北京：中国标准出版社，1996－2008．

[2] 蒋知民，张洪鏸．怎样识读《机械制图》新标准[M]．北京：机械工业出版社，2009．

[3] 中华人民共和国国家质量监督检验检疫总局．中华人民共和国国家标准　机械制图[M]．北京：中国标准出版社，2004．

[4] 中华人民共和国国家质量监督检验检疫总局．中华人民共和国国家标准　机械制图　图样画法　图线[M]．北京：中国标准出版社，2003．

[5] 中华人民共和国国家质量监督检验检疫总局．中华人民共和国国家标准　机械制图　图样画法　剖视图和断面图[M]．北京：中国标准出版社，2003．

[6] 中华人民共和国劳动和社会保障部．国家职业标准——制图员[M]．北京：中国劳动社会保障出版社，2002．

[7] 劳动和社会保障部中国就业培训技术指导中心．制图员国家职业资格培训教程（高级）[M]．北京：中央广播电视大学出版社，2003．

[8] 胡建生．工程制图[M]．2 版．北京：化学工业出版社，2004．

[9] 梁德本，叶玉驹．机械制图手册[M]．3 版．北京：机械工业出版社，2002．

[10] 刘小年．机械制图[M]．北京：机械工业出版社，1999．

[11] 刘力．机械制图[M]．2 版．北京：高等教育出版社，2004．

[12] 何培英．机械制图速成教程[M]．北京：化学工业出版社，2011．

[13] 陈桂芳．机械零部件测绘[M]．北京：机械工业出版社，2010．

[14] 程广涵．机械识图[M]．北京：机械工业出版社，2010．

[15] 周明贵．机械制图与识图实例教程[M]．北京：化学工业出版社，2009．

[16] 熊放明．机械工人识图[M]．北京：化学工业出版社，2011．

[17] 胡胜．机械识图与绘图[M]．重庆：重庆大学出版社，2011．

[18] 马德成．零起点就业直通车：机械图样识图[M]．北京：化学工业出版社，2011．

[19] 吕扶才．焊工识图[M]．北京：化学工业出版社，2011．

[20] 岳海斌，杨志．汽油发动机管理系统故障诊断与维修[M]．上海：同济大学出版社，2013．

附　　录

一、螺纹

附表 1-1　普通螺纹直径与螺距系列(GB/T 193—2003)、基本尺寸(GB/T 196—2003)摘编　mm

公称直径 D、d		螺距 P		粗牙中径 D_2、d_2	粗牙小径 D_1、d_1
第一系列	第二系列	粗　牙	细　牙		
3		0.5	0.35	2.675	2.459
	3.5	0.6		3.110	2.850
4		0.7	0.5	3.545	3.242
	4.5	0.75		4.013	3.688
5		0.8		4.480	4.134
6		1	0.75	5.350	4.917
8		1.25	1,0.75	7.188	6.647
10		1.5	1.25,1,0.75	9.026	8.376
12		1.75	1.25,1	10.863	10.106
	14	2	1.5, 1.25*	12.701	11.835
16		2	1.5,1	14.701	13.835
	18	2.5	2,1.5,1	16.376	15.294
20		2.5		18.376	17.294
	22	2.5	2,1.5,1	20.376	19.294
24		3	2,1.5,1	22.051	20.752
	27	3	2,1.5,1	25.051	23.752
30		3.5	(3),2,1.5,1	27.727	26.211
	33	3.5	(3),2,1.5	30.727	29.211
36		4	3,2,1.5	33.402	31.670
	39	4		36.402	34.670
42		4.5	3,2,1.5	39.077	37.129
	45	4.5		42.077	40.129
48		5	4,3,2,1.5	44.752	42.587
	52	5		48.752	46.587
56		5.5	4,3,2,1.5	52.428	50.046
	60	5.5		56.428	54.046
64		6		60.103	57.505
	68	6		64.103	61.505

注:1. 优先选用第一系列,括号内尺寸尽可能不用,第三系列未列入。

2. * M14×1.25 仅用于火花塞。

附表 1-2 55°密封管螺纹 第 1 部分 圆柱内螺纹与圆锥外螺纹(GB/T 7306.1—2000) 第 2 部分 圆锥内螺纹与圆锥外螺纹(GB/T 7306.2—2000) 摘编

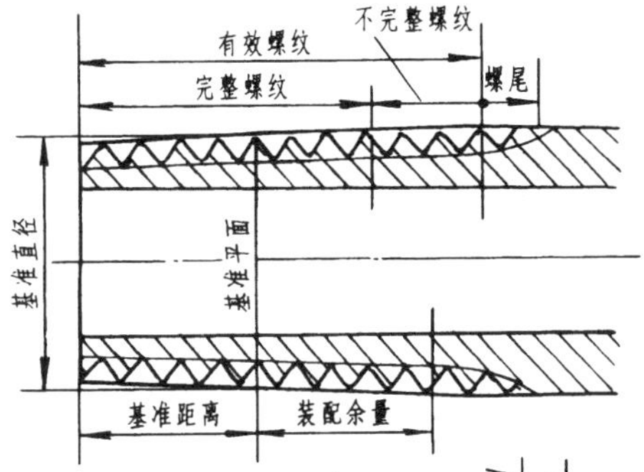

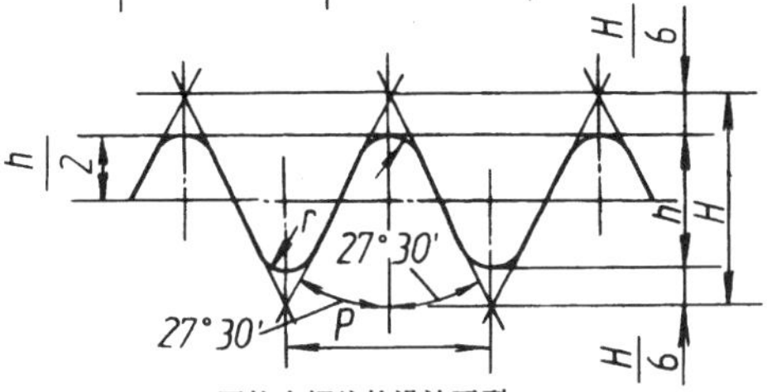

圆柱内螺纹的设计牙型

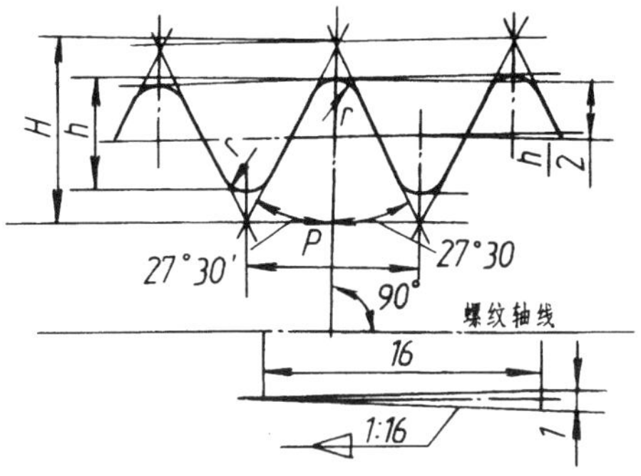

圆锥螺纹的设计牙型

标记示例

GB/T 7306.1—2000

尺寸代号 3/4,右旋,圆柱内螺纹:Rp 3/4

尺寸代号 3,右旋,圆锥外螺纹:$R_1$3

尺寸代号 3/4,左旋,圆柱内螺纹:Rp 3/4LH

右旋圆锥外螺纹、圆柱内螺纹螺纹副:Rp/R_1 3

GB/T 7306.2—2000

尺寸代号 3/4,右旋,圆锥内螺纹:Rc 3/4

尺寸代号 3,右旋,圆锥外螺纹:$R_2$3

尺寸代号 3/4,左旋,圆锥内螺纹:Rc 3/4 LH

右旋圆锥内螺纹、圆锥外螺纹螺纹副:Rc/R_2 3

尺寸代号	每 25.4 mm 内所含的牙数 n	螺距 P /mm	牙高 h /mm	基准平面内的基本直径			基准距离(基本)/mm	外螺纹的有效螺纹不小于/mm
				大径(基准直径)$d = D$/mm	中径 $d_2 = D_2$ /mm	小径 $d_1 = D_1$ /mm		
1/16	28	0.907	0.581	7.723	7.142	6.561	4	6.5
1/8	28	0.907	0.581	9.728	9.147	8.566	4	6.5
1/4	19	1.337	0.856	13.157	12.301	11.445	6	9.7
3/8	19	1.337	0.856	16.662	15.806	14.950	6.4	10.1
1/2	14	1.814	1.162	20.955	19.793	18.631	8.2	13.2
3/4	14	1.814	1.162	26.441	25.279	24.117	9.5	14.5
1	11	2.309	1.479	33.249	31.770	30.291	10.4	16.8
1 1/4	11	2.309	1.479	41.910	40.431	38.952	12.7	19.1
1 1/2	11	2.309	1.479	47.803	46.324	44.845	12.7	19.1
2	11	2.309	1.479	59.614	58.135	56.656	15.9	23.4
2 1/2	11	2.309	1.479	75.184	73.705	72.226	17.5	26.7
3	11	2.309	1.479	87.884	86.405	84.926	20.6	29.8
4	11	2.309	1.479	113.030	111.551	110.072	25.4	35.8
5	11	2.309	1.479	138.430	136.951	135.472	28.6	40.1
6	11	2.309	1.479	163.830	162.351	160.872	28.6	40.1

附表 1-3 55°非密封管螺纹(GB/T 7307—2001)摘编

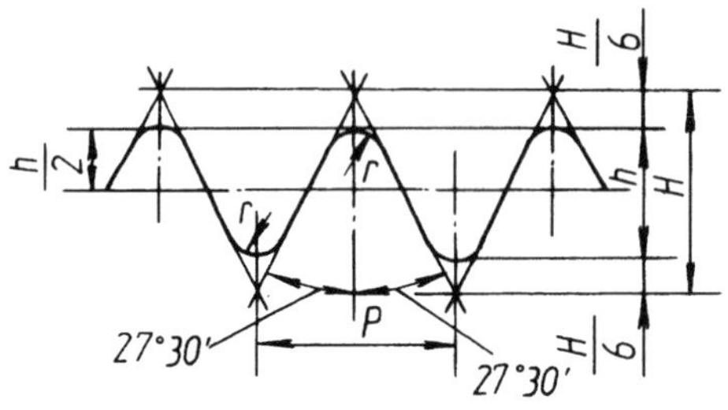

螺纹的设计牙型

标 记 示 例

尺寸代号 2,右旋,圆柱内螺纹:G2

尺寸代号 3,右旋,A 级圆柱外螺纹:G3A

尺寸代号 2,左旋,圆柱内螺纹:G2 LH

尺寸代号 4,左旋,B 级圆柱外螺纹:G4B-LH

尺寸代号	每 25.4 mm 内所含的牙数 n	螺距 P/mm	牙高 h /mm	基本直径		
				大径 $d=D$/mm	中径 $d_2=D_2$/mm	小径 $d_1=D_1$/mm
1/16	28	0.907	0.581	7.723	7.142	6.561
1/8	28	0.907	0.581	9.728	9.147	8.566
1/4	19	1.337	0.856	13.157	12.301	11.445
3/8	19	1.337	0.856	16.662	15.806	14.950
1/2	14	1.814	1.162	20.955	19.793	18.631
3/4	14	1.814	1.162	26.441	25.279	24.117
1	11	2.309	1.479	33.249	31.770	30.291
1 1/4	11	2.309	1.479	41.910	40.431	38.952
1 1/2	11	2.309	1.479	47.803	46.324	44.845
2	11	2.309	1.479	59.614	58.135	56.656
2 1/2	11	2.309	1.479	75.184	73.705	72.226
3	11	2.309	1.479	87.884	86.405	84.926
4	11	2.309	1.479	113.030	111.551	110.072
5	11	2.309	1.479	138.430	136.951	135.472
6	11	2.309	1.479	163.830	162.351	160.872

附表 1-4　梯形螺纹基本尺寸(GB/T 5796.3—1986)摘编

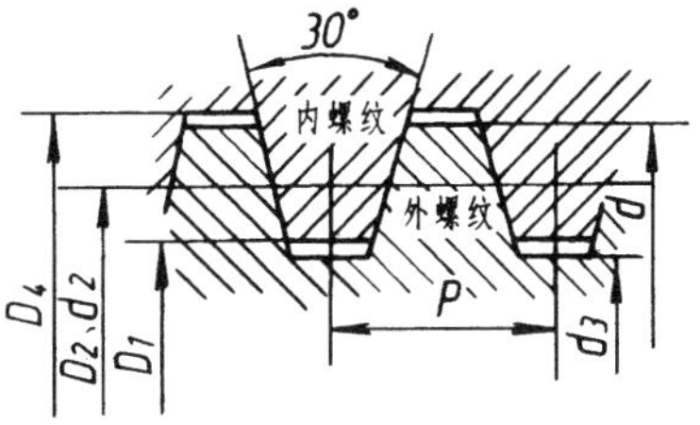

公称直径 d 第一系列	公称直径 d 第二系列	螺距 P	中径 $d_2=D_2$	大径 D_4	小径 d_3	小径 D_1
8		1.5	7.25	8.30	6.20	6.50
	9	1.5	8.25	9.30	7.20	7.50
		2	8.00	9.50	6.50	7.00
10		1.5	9.25	10.30	8.20	8.50
		2	9.00	10.50	7.50	8.00
	11	2	10.00	11.50	8.50	9.00
		3	9.50	11.50	7.50	8.00
12		2	11.00	12.50	9.50	10.00
		3	10.50	12.50	8.50	9.00
	14	2	13.00	14.50	11.50	12.00
		3	12.50	14.50	10.50	11.00
16		2	15.00	16.50	13.50	14.00
		4	14.00	16.50	11.50	12.00
	18	2	17.00	18.50	15.50	16.00
		4	16.00	18.50	13.50	14.00
20		2	19.00	20.50	17.50	18.00
		4	18.00	20.50	15.50	16.00
	22	3	20.50	22.50	18.50	19.00
		5	19.50	22.50	16.50	17.00
		8	18.00	23.00	13.00	14.00
24		3	22.50	24.50	20.50	21.00
		5	21.50	24.50	18.50	19.00
		8	20.00	25.00	15.00	16.00

公称直径 d 第一系列	公称直径 d 第二系列	螺距 P	中径 $d_2=D_2$	大径 D_4	小径 d_3	小径 D_1
	26	3	24.50	26.50	22.50	23.00
		5	23.50	26.50	20.50	21.00
		8	22.00	27.00	17.00	18.00
28		3	26.50	28.50	24.50	25.00
		5	25.50	28.50	22.50	23.00
		8	24.00	29.00	19.00	20.00
	30	3	28.50	30.50	26.50	27.00
		6	27.00	31.00	23.00	24.00
		10	25.00	31.00	19.00	20.00
32		3	30.50	32.50	28.50	29.00
		6	29.00	33.00	25.00	26.00
		10	27.00	33.00	21.00	22.00
	34	3	32.50	34.50	30.50	31.00
		6	31.00	35.00	27.00	28.00
		10	29.00	35.00	23.00	24.00
36		3	34.50	36.50	32.50	33.00
		6	33.00	37.00	29.00	30.00
		10	31.00	37.00	25.00	26.00
	38	3	36.50	38.50	34.50	35.00
		7	34.50	39.00	30.00	31.00
		10	33.00	39.00	27.00	28.00
40		3	38.50	40.50	36.50	37.00
		7	36.50	41.00	32.00	33.00
		10	35.00	41.00	29.00	30.00

二、螺纹紧固件

附表 2－1　六角头螺栓（GB/T 5782—2000）摘编

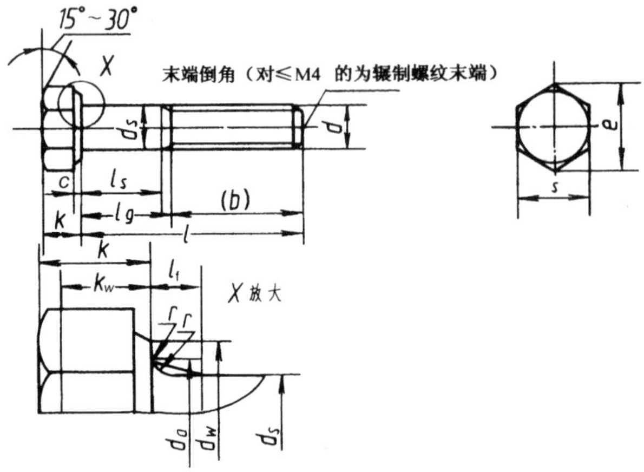

标 记 示 例

螺纹规格 d = M12、公称长度 l = 80 mm、性能等级为 8.8 级、表面氧化、产品等级为 A 级的六角头螺栓：

螺栓 GB/T 5782 M12×80

mm

螺纹规格 d				M3	M4	M5	M6	M8	M10	M12	M16	M20	M24	M30	M36	M42	M48
螺距 P				0.5	0.7	0.8	1	1.25	1.5	1.75	2	2.5	3	3.5	4	4.5	5
$b_{参考}$	$l_{公称} \leq 125$			12	14	16	18	22	26	30	38	46	54	66	—	—	—
	$125 < l_{公称} \leq 200$			18	20	22	24	28	32	36	44	52	60	72	84	96	108
	$l_{公称} > 200$			31	33	35	37	41	45	49	57	65	73	85	97	109	121
c	max			0.4	0.4	0.5	0.5	0.6	0.6	0.60	0.8	0.8	0.8	0.8	0.8	1.0	1.0
	min			0.15	0.15	0.15	0.15	0.15	0.15	0.15	0.2	0.2	0.2	0.2	0.2	0.3	0.3
d_a	max			3.6	4.7	5.7	6.8	9.2	11.2	13.7	17.7	22.4	26.4	33.4	39.4	45.6	52.6
d_s	公称 = max			3.00	4.00	5.00	6.00	8.00	10.00	12.00	16.00	20.00	24.00	30.00	36.00	42.00	48.00
	min	产品等级	A	2.86	3.82	4.82	5.82	7.78	9.78	11.73	15.73	19.67	23.67	—	—	—	—
			B	2.75	3.70	4.70	5.70	7.64	9.64	11.57	15.57	19.48	23.48	29.48	35.38	41.38	47.38
d_w	min	产品等级	A	4.57	5.88	6.88	8.88	11.63	14.63	16.63	22.49	28.19	33.61	—	—	—	—
			B	4.45	5.74	6.74	8.74	11.47	14.47	16.47	22	27.7	33.25	42.75	51.11	59.95	69.45
e	min	产品等级	A	6.01	7.66	8.79	11.05	14.38	17.77	20.03	26.75	33.53	39.98	—	—	—	—
			B	5.88	7.50	8.63	10.89	14.20	17.59	19.85	26.17	32.95	39.55	50.85	60.79	71.3	82.6
l_f	max			1	1.2	1.2	1.4	2	2	3	3	4	4	6	6	8	10
k	公称			2	2.8	3.5	4	5.3	6.4	7.5	10	12.5	15	18.7	22.5	26	30
	产品等级	A	max	2.125	2.925	3.65	4.15	5.45	6.58	7.68	10.18	12.715	15.215	—	—	—	—
			min	1.875	2.675	3.35	3.85	5.15	6.22	7.32	9.82	12.285	14.785	—	—	—	—
		B	max	2.2	3.0	3.26	4.24	5.54	6.69	7.79	10.29	12.85	15.35	19.12	22.92	26.42	30.42
			min	1.8	2.6	2.35	3.76	5.06	6.11	7.21	9.71	12.15	14.65	18.28	22.08	25.58	29.58

续表

螺纹规格 d			M3	M4	M5	M6	M8	M10	M12	M16	M20	M24	M30	M36	M42	M48
k_w min	产品等级	A	1.31	1.87	2.35	2.70	3.61	4.35	5.12	6.87	8.6	10.35	—	—	—	—
		B	1.26	1.82	2.28	2.63	3.54	4.28	5.05	6.8	8.51	10.26	12.8	15.46	17.91	20.71
r	min		0.1	0.2	0.2	0.25	0.4	0.4	0.6	0.6	0.8	0.8	1	1	1.2	1.6
s	公称 = max		5.50	7.00	8.00	10.00	13.00	16.00	18.00	24.00	30.00	36.00	46	55.0	65.0	75.0
	min 产品等级	A	5.32	6.78	7.78	9.78	12.73	15.73	17.73	23.67	29.67	35.38	—	—	—	—
		B	5.20	6.64	7.64	9.64	12.57	15.57	17.57	23.16	29.16	35.00	45	53.8	63.1	73.1
l(商品规格范围)			20 ~ 30	25 ~ 40	25 ~ 50	30 ~ 60	40 ~ 80	45 ~ 100	50 ~ 120	65 ~ 160	80 ~ 200	90 ~ 240	110 ~ 300	140 ~ 360	160 ~ 440	180 ~ 480
l(系列)			20,25,30,35,40,45,50,55,60,65,70,80,90,100,110,120,130,140,150,160,180,200,220,240,260,280,300,320,340,360,380,400,420,440,460,480													

注：l_g 与 l_s 表中未列出。

附表 2-2 双头螺柱

$b_m = 1d$(GB/T 897—1988) $b_m = 1.25d$(GB/T 898—1988)

$b_m = 1.5d$(GB/T 899—1988) $b_m = 2d$(GB/T 900—1988)摘编

A 型 B 型

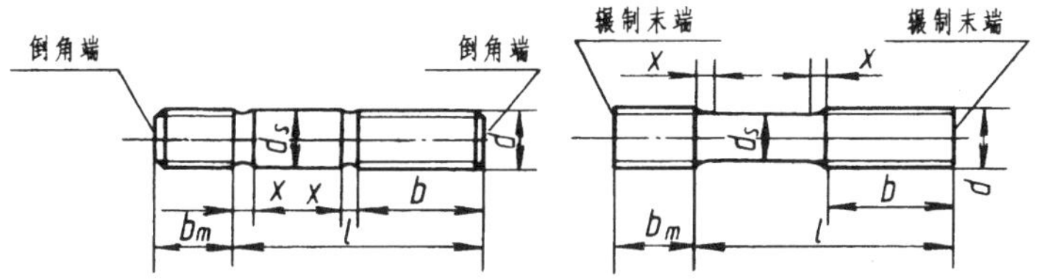

末端按 GB/T 2—1985 的规定；$d_s \approx$ 螺纹中径(仅适用于 B 型)

标记示例

两端均为粗牙普通螺纹，d = 10 mm、l = 50 mm、性能等级为 4.8 级、不经表面处理、B 型、b_m = 1 d 的双头螺柱：

螺柱 GB/T 897 M10 × 50

旋入机件一端为粗牙普通螺纹，旋螺母一端为螺距 P = 1 mm 的细牙普通螺纹，d = 10 mm、l = 50 mm，性能等级为 4.8 级、不经表面处理、A 型、b_m = 1 d 的双头螺柱：

螺柱 GB/T 897 AM10 - M10 × 1 × 50

mm

螺纹规格 d	b_m(公称)				l/b
	GB/T 897—1988	GB/T 898—1988	GB/T 899—1988	GB/T 900—1988	
M2			3	4	12 ~ 16/6、20 ~ 25/10
M2.5			3.5	5	16/8、20 ~ 30/11
M3			4.5	6	16 ~ 20/6、25 ~ 40/12
M4			6	8	16 ~ 20/8、25 ~ 40/14

续表

螺纹规格 d	b_m(公称)				l/b
	GB/T 897—1988	GB/T 898—1988	GB/T 899—1988	GB/T 900—1988	
M5	5	6	8	10	16 ~ 20/10、25 ~ 50/16
M6	6	8	10	12	20/10、25 ~ 30/14、35 ~ 70/18
M8	8	10	12	16	20/12、25 ~ 30/16、35 ~ 90/22
M10	10	12	15	20	25/14、30 ~ 35/16、40 ~ 120/26、130/32
M12	12	15	18	24	25 ~ 30/16、35 ~ 40/20、45 ~ 120/30、130 ~ 180/36
M16	16	20	24	32	30 ~ 35/20、40 ~ 50/30、60 ~ 120/38、130 ~ 200/44
M20	20	25	30	40	35 ~ 40/25、45 ~ 60/35、70 ~ 120/46、130 ~ 200/52
M24	24	30	36	48	45 ~ 50/30、60 ~ 70/45、80 ~ 120/54、130 ~ 200/60
M30	30	38	45	60	60/40、70 ~ 90/50、100 ~ 120/66、130 ~ 200/72、210 ~ 250/85
M36	36	45	54	72	70/45、80 ~ 110/60、120/78、130 ~ 200/84、210 ~ 300/97
M42	42	52	63	84	70 ~ 80/50、90 ~ 110/70、120/90、130 ~ 200/96、210 ~ 300/109
M48	48	60	72	96	80 ~ 90/60、100 ~ 110/80、120/102、130 ~ 200/108、210 ~ 300/121
l(系列)	12、16、20、25、30、35、40、45、50、60、70、80、90、100、110、120、130、140、150、160、170、180、190、200、210、220、230、240、250、260、280、300				

附表 2-3　1 型六角螺母(GB/T 6170—2000)摘编

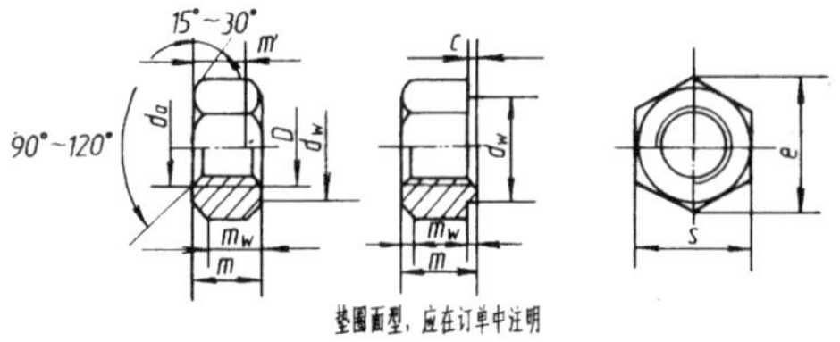

标 记 示 例

螺纹规格 D = M12、性能等级为 8 级、不经表面处理、产品等级为 A 级的 1 型六角螺母：

螺母　GB/T 6170　M12

mm

螺纹规格 D		M1.6	M2	M2.5	M3	M4	M5	M6	M8	M10	M12
螺距 P		0.35	0.4	0.45	0.5	0.7	0.8	1	1.25	1.5	1.75
c	max	0.2	0.2	0.3	0.4	0.4	0.5	0.5	0.6	0.6	0.6
d_a	max	1.84	2.3	2.9	3.45	4.6	5.75	6.75	8.75	10.8	13
	min	1.60	2.0	2.5	3.00	4.0	5.00	6.00	8.00	10.0	12
d_w	min	2.4	3.1	4.1	4.6	5.9	6.9	8.9	11.6	14.6	16.6
e	min	3.41	4.32	5.45	6.01	7.66	8.79	11.05	14.38	17.77	20.03

续表

螺纹规格 D		M1.6	M2	M2.5	M3	M4	M5	M6	M8	M10	M12
m	max	1.30	1.60	2.00	2.40	3.2	4.7	5.2	6.80	8.40	10.80
	min	1.05	1.35	1.75	2.15	2.9	4.4	4.9	6.44	8.04	10.37
m_w	min	0.8	1.1	1.4	1.7	2.3	3.5	3.9	5.2	6.4	8.3
s	公称 = max	3.20	4.00	5.00	5.50	7.00	8.00	10.00	13.00	16.00	18.00
	min	3.02	3.82	4.82	5.32	6.78	7.78	9.78	12.73	15.73	17.73

螺纹规格 D		M16	M20	M24	M30	M36	M42	M48	M56	M64
螺距 P		2	2.5	3	3.5	4	4.5	5	5.5	6
c	max	0.8	0.8	0.8	0.8	0.8	1.0	1.0	1.0	1.0
d_a	max	17.3	21.6	25.9	32.4	38.9	45.4	51.8	60.5	69.1
	min	16.0	20.0	24.0	30.0	36.0	42.0	48.0	56.0	64.0
d_w	min	22.5	27.7	33.3	42.8	51.1	60	69.5	78.7	88.2
e	min	26.75	32.95	39.55	50.85	60.79	71.3	82.6	93.56	104.86
m	max	14.8	18.0	21.5	25.6	31.0	34.0	38.0	45.0	51.0
	min	14.1	16.9	20.2	24.3	29.4	32.4	36.4	43.4	49.1
m_w	min	11.3	13.5	16.2	19.4	23.5	25.9	29.1	34.7	39.3
s	公称 = max	24.00	30.00	36	46	55.0	65.0	75.0	85.0	95.0
	min	23.67	29.16	35	45	53.8	63.1	73.1	82.8	92.8

注:1. A 级用于 $D \leqslant 16$ 的螺母;B 级用于 $D > 16$ 的螺母。本表仅按优选的螺纹规格列出。

2. 螺纹规格为 M8 ~ M64、细牙、A 级和 B 级的 1 型六角螺母,请查阅 GB/T 6171—2000。

附表 2-4　1 型六角开槽螺母——A 和 B 级(GB/T 6178—1986)摘编

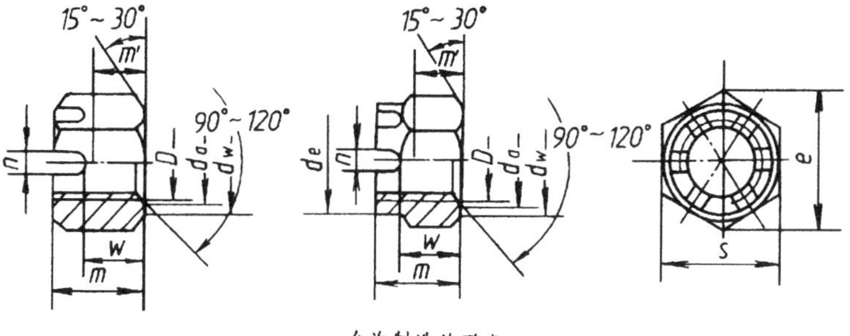

允许制造的型式

标 记 示 例

螺纹规格 D = M12、性能等级为 8 级、表面氧化、A 级的 1 型六角开槽螺母:

螺母 GB/T 6178　M12

mm

续表

螺纹规格 D		M4	M5	M6	M8	M10	M12	M16	M20	M24	M30	M36
d_a	max	4.6	5.75	6.75	8.75	10.8	13	17.3	21.6	25.9	32.4	38.9
	min	4	5	6	8	10	12	16	20	24	30	36
d_e	max	—	—	—	—	—	—	—	28	34	42	50
	min	—	—	—	—	—	—	—	27.16	33	41	49
d_w	min	5.9	6.9	8.9	11.6	14.6	16.6	22.5	27.7	33.2	42.7	51.1
e	min	7.66	8.79	11.05	14.38	17.77	20.03	26.75	32.95	39.55	50.85	60.79
m	max	5	6.7	7.7	9.8	12.4	15.8	20.8	24	29.5	34.6	40
	min	4.7	6.4	7.34	9.44	11.97	15.37	20.28	23.16	28.66	33.6	39
m'	min	2.32	3.52	3.92	5.15	6.43	8.3	11.28	13.52	16.16	19.44	23.52
n	min	1.2	1.4	2	2.5	2.8	3.5	4.5	4.5	5.5	7	7
	max	1.8	2	2.6	3.1	3.4	4.25	5.7	5.7	6.7	8.5	8.5
s	max	7	8	10	13	16	18	24	30	36	46	55
	min	6.78	7.78	9.78	12.73	15.73	17.73	23.67	29.16	35	45	53.8
w	max	3.2	4.7	5.2	6.8	8.4	10.8	14.8	18	21.5	25.6	31
	min	2.9	4.4	4.9	6.44	8.04	10.37	14.37	17.3	20.88	24.98	30.38
开口销		1×10	1.2×12	1.6×14	2×16	2.5×20	3.2×22	4×28	4×36	5×40	6.3×50	6.3×63

注：A 级用于 $D \leqslant 16$ 的螺母；B 级用于 $D > 16$ 的螺母。

附表 2-5 小垫圈——A 级(GB/T 848—1985)、平垫圈——A 级(GB/T 97.1—1985)
平垫圈 倒角型——A 级(GB/T 97.2—1985)、大垫圈——A 级(GB/T 96—1985)摘编

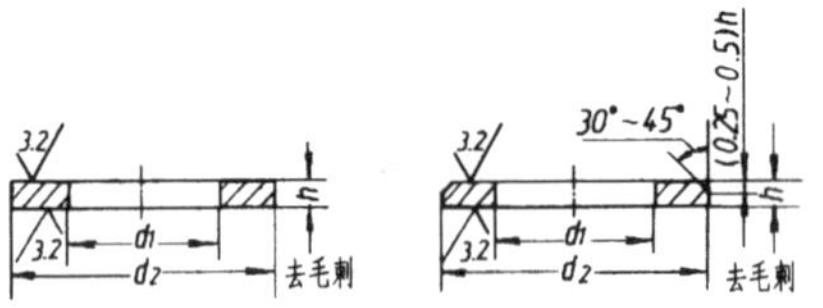

标记示例

标准系列、规格 8 mm、性能等级为 140 HV 级、不经表面处理的平垫圈：

垫圈 GB/T 97.1 8

mm

续表

规格(螺纹大径)			3	4	5	6	8	10	12	14	16	20	24	30	36
内径 d_1	公称(min)	GB/T 848—1985	3.2	4.3	5.3	6.4	8.4	10.5	13	15	17	21	25	31	37
		GB/T 97.1—1985													
		GB/T 97.2—1985	—	—											
		GB/T 96—1985	3.2	4.3								22	26	33	39
	max	GB/T 848—1985	3.38	4.48	5.48	6.62	8.62	10.77	13.27	15.27	17.27	21.33	25.33	31.39	37.62
		GB/T 97.1—1985													
		GB/T 97.2—1985	—	—											
		GB/T 96—1985	3.38	4.48								22.52	26.84	34	40
内径 d_2	公称(max)	GB/T 848—1985	6	8	9	11	15	18	20	24	28	34	39	50	60
		GB/T 97.1—1985	7	9	10	12	16	20	24	28	30	37	44	56	66
		GB/T 97.2—1985	—	—											
		GB/T 96—1985	9	12	15	18	24	30	37	44	50	60	72	92	110
	min	GB/T 848—1985	5.7	7.64	8.64	10.57	14.57	17.57	19.48	23.48	27.48	33.38	38.38	49.38	58.8
		GB/T 97.1—1985	6.64	8.64	9.64	11.57	15.57	19.48	23.48	27.48	29.48	36.38	43.38	55.26	64.8
		GB/T 97.2—1985	—	—											
		GB/T 96—1985	8.64	11.57	14.57	17.57	23.48	29.48	36.38	43.38	49.38	58.1	70.1	89.8	107.8
厚度 h	公称	GB/T 848—1985	0.5	0.5	1	1.6	1.6	1.6	2	2.5	2.5	3	4	4	5
		GB/T 97.1—1985		0.8				2	2.5		3				
		GB/T 97.2—1985	—	—											
		GB/T 96—1985	0.8	1	1.2	1.6	2	2.5	3	3	3	4	5	6	8
	max	GB/T 848—1985	0.55	0.55	1.1	1.8	1.8	1.8	2.2	2.7	2.7	3.3	4.3	4.3	5.6
		GB/T 97.1—1985		0.9				2.2	2.7		3.3				
		GB/T 97.2—1985	—	—											
		GB/T 96—1985	0.9	1.1	1.4	1.8	2.2	2.7	3.3	3.3	3.3	4.6	6	7	9.2
	min	GB/T 848—1985	0.45	0.45	0.9	1.4	1.4	1.4	1.8	2.3	2.3	2.7	3.7	3.7	4.4
		GB/T 97.1—1985		0.7				1.8	2.3		2.7				
		GB/T 97.2—1985	—	—											
		GB/T 96—1985	0.7	0.9	1	1.4	1.8	2.3	2.7	2.7	2.7	3.4	4	5	6.8

附表 2-6　标准型弹簧垫圈（GB 93—87）、轻型弹簧垫圈（GB 859—87）摘编

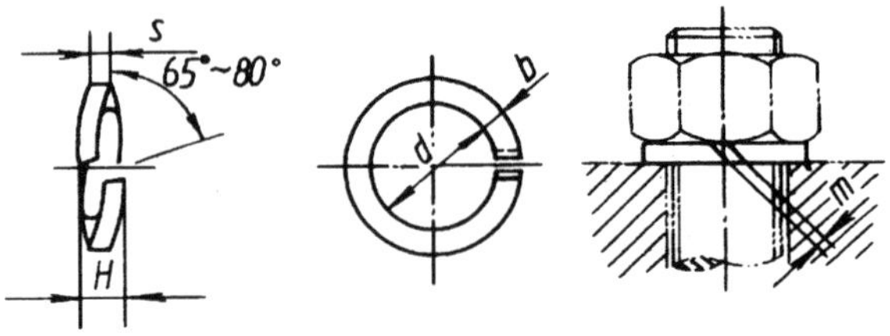

标 记 示 例

规格 16 mm、材料为 65 Mn、表面氧化的标准型弹簧垫圈：

垫圈　GB 93　16

规格 16 mm、材料为 65 Mn、表面氧化的轻型弹簧垫圈：

垫圈　GB 859　16

mm

规格（螺纹大径）			2	2.5	3	4	5	6	8	10	12	16	20	24	30	36	42	48
d	min		2.1	2.6	3.1	4.1	5.1	6.1	8.1	10.2	12.2	16.2	20.2	24.5	30.5	36.5	42.5	48.5
	max		2.35	2.85	3.4	4.4	5.4	6.68	8.68	10.9	12.9	16.9	21.04	25.5	31.5	37.7	43.7	49.7
s(*b*)公称	GB 93—87		0.5	0.65	0.8	1.1	1.3	1.6	2.1	2.6	3.1	4.1	5	6	7.5	9	10.5	12
s 公称	GB 859—87		—	—	0.6	0.8	1.1	1.3	1.6	2	2.5	3.2	4	5	6	—	—	—
b 公称	GB 859—87		—	—	1	1.2	1.5	2	2.5	3	3.5	4.5	5.5	7	9	—	—	—
H	GB 93—87	min	1	1.3	1.6	2.2	2.6	3.2	4.2	5.2	6.2	8.2	10	12	15	18	21	24
		max	1.25	1.63	2	2.75	3.25	4	5.25	6.5	7.75	10.25	12.5	15	18.75	22.5	26.25	30
	GB 859—87	min	—	—	1.2	1.6	2.2	2.6	3.2	4	5	6.4	8	10	12	—	—	—
		max	—	—	1.5	2	2.75	3.25	4	5	6.25	8	10	12.5	15	—	—	—
m≤	GB 93—87		0.25	0.33	0.4	0.55	0.65	0.8	1.05	1.3	1.55	2.05	2.5	3	3.75	4.5	5.25	6
	GB 859—87		—	—	0.3	0.4	0.55	0.65	0.8	1	1.25	1.6	2	2.5	3	—	—	—

注：*m* 应大于零。

附表 2-7 开槽圆柱头螺钉(GB/T 65—2000)、开槽盘头螺钉(GB/T 67—2000)摘编

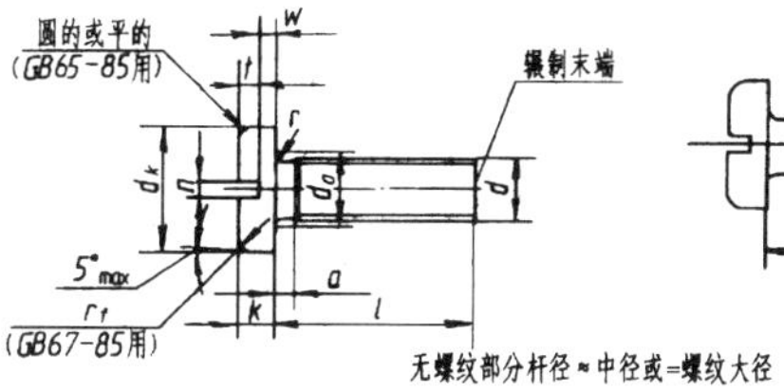

标记示例

螺纹规格 d = M5、公称长度 l = 20 mm、性能等级为 4.8 级、不经表面处理的 A 级开槽圆柱头螺钉:

螺钉 GB/T 65 M5 × 20

螺纹规格 d = M5、公称长度 l = 20 mm、性能等级为 4.8 级、不经表面处理的 A 级开槽盘头螺钉:

螺钉 GB/T 67 M5 × 20

mm

螺纹规格 d		M1.6	M2	M2.5	M3	M4		M5		M6		M8		M10	
类别		GB/T 67—2000				GB/T 65—2000	GB/T 67—2000	GB/T 65—2000	GB/T 67—2000	GB/T 65—2000	GB/T 67—2000	GB/T 65—2000	GB/T 67—2000	GB/T 65—2000	GB/T 67—2000
螺距 P		0.35	0.4	0.45	0.5	0.7		0.8		1		1.25		1.5	
a	max	0.7	0.8	0.9	1	1.4		1.6		2		2.5		3	
b	min	25	25	25	25	38		38		38		38		38	
d_k	max	3.2	4.0	5.0	5.6	7.00	8.00	8.50	9.50	10.00	12.00	13.00	16.00	16.00	20.00
	min	2.9	3.7	4.7	5.3	6.78	7.64	8.28	9.14	9.78	11.57	12.73	15.57	15.73	19.48
d_a	max	2	2.6	3.1	3.6	4.7		5.7		6.8		9.2		11.2	
k	max	1.00	1.30	1.50	1.80	2.60	2.40	3.30	3.00	3.9	3.6	5.0	4.8	6.0	
	min	0.86	1.16	1.36	1.66	2.46	2.26	3.12	2.86	3.6	3.3	4.7	4.5	5.7	
n	公称	0.4	0.5	0.6	0.8	1.2		1.2		1.6		2		2.5	
	min	0.46	0.56	0.66	0.86	1.26		1.26		1.66		2.06		2.56	
	max	0.60	0.70	0.80	1.00	1.51		1.51		1.91		2.31		2.81	
r	min	0.1	0.1	0.1	0.1	0.2		0.2		0.25		0.4		0.4	
r_f	参考	0.5	0.6	0.8	0.9		1.2		1.5		1.8		2.4		3
t	min	0.35	0.5	0.6	0.7	1.1	1	1.3	1.2	1.6	1.4	2	1.9	2.4	
w	min	0.3	0.4	0.5	0.7	1.1	1	1.3	1.2	1.6	1.4	2	1.9	2.4	
x	max	0.9	1	1.1	1.25	1.75		2		2.5		3.2		3.8	
l(商品规格范围公称长度)		2 ~ 16	2.5 ~ 20	3 ~ 25	4 ~ 30	5 ~ 40		6 ~ 50		8 ~ 60		10 ~ 80		12 ~ 80	
l(系列)		2,2.5,3,4,5,6,8,10,12,(14),16,20,25,30,35,40,45,50,(55),60,(65),70,(75),80													

注:1. 螺纹规格 d = M1.6 ~ M3、公称长度 $l \leqslant 30$ mm 的螺钉,应制出全螺纹;螺纹规格 d = M4 ~ M10、公称长度 $l \leqslant 40$ mm 的螺钉,应制出全螺纹($b = l - a$)。

2. 尽可能不采用括号内的规格。

附表 2-8 开槽沉头螺钉(GB/T 68—2000)、开槽半沉头螺钉(GB/T 69—2000)摘编

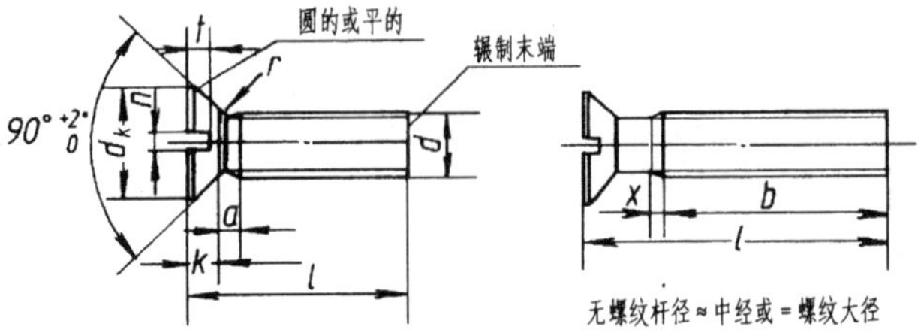

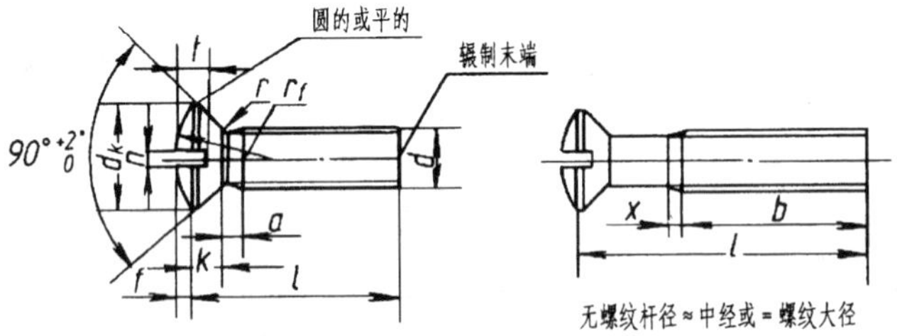

标记示例

螺纹规格 d = M5、公称长度 l = 20 mm、性能等级为 4.8 级、不经表面处理的 A 级开槽沉头螺钉：

螺钉 GB/T 68 M5 × 20

mm

螺纹规格 d		M1.6	M2	M2.5	M3	M4	M5	M6	M8	M10
螺距 P		0.35	0.4	0.45	0.5	0.7	0.8	1	1.25	1.5
a	max	0.7	0.8	0.9	1	1.4	1.6	2	2.5	3
b	min	25				38				
d_k 理论值	max	3.6	4.4	5.5	6.3	9.4	10.4	12.6	17.3	20
d_k 实际值	公称 = max	3.0	3.8	4.7	5.5	8.40	9.30	11.30	15.80	18.30
	min	2.7	3.5	4.4	5.2	8.04	8.94	10.87	15.37	17.78
k	公称 = max	1	1.2	1.5	1.65	2.7	2.7	3.3	4.65	5
n	公称	0.4	0.5	0.6	0.8	1.2	1.2	1.6	2	2.5
	min	0.46	0.56	0.66	0.86	1.26	1.26	1.66	2.06	2.56
	max	0.60	0.70	0.80	1.00	1.51	1.51	1.91	2.31	2.81
r	max	0.4	0.5	0.6	0.8	1	1.3	1.5	2	2.5
x	max	0.9	1	1.1	1.25	1.75	2	2.5	3.2	3.8
f	≈	0.4	0.5	0.6	0.7	1	1.2	1.4	2	2.3
r_f	≈	3	4	5	6	9.5	9.5	12	16.5	19.5

续表

螺纹规格 d			M1.6	M2	M2.5	M3	M4	M5	M6	M8	M10
t	max	GB/T 68—2000	0.50	0.6	0.75	0.85	1.3	1.4	1.6	2.3	2.6
		GB/T 69—2000	0.80	1.0	1.2	1.45	1.9	2.4	2.8	3.7	4.4
	min	GB/T 68—2000	0.32	0.4	0.50	0.60	1.0	1.1	1.2	1.8	2.0
		GB/T 69—2000	0.64	0.8	1.0	1.20	1.6	2.0	2.4	3.2	3.8
l(商品规格范围公称长度)			2.5 ~ 16	3 ~ 20	4 ~ 25	5 ~ 30	6 ~ 40	8 ~ 50	8 ~ 60	10 ~ 80	12 ~ 80
l(系列)			2.5,3,4,5,6,8,10,12,(14),16,20,25,30,35,40,45,50,(55),60,(65),70,(75),80								

注:1. 公称长度 $l \leqslant 30$ mm,而螺纹规格 d 在 M1.6 ~ M3 的螺钉,应制出全螺纹;公称长度 $l \leqslant 45$ mm,而螺纹规格在 M4 ~ M10 的螺钉也应制出全螺纹[$b = l - (k + a)$]。

2. 尽可能不采用括号内的规格。

附表 2-9 十字槽盘头螺钉(GB/T 818—2000)、十字槽沉头螺钉(GB/T 819.1—2000)摘编

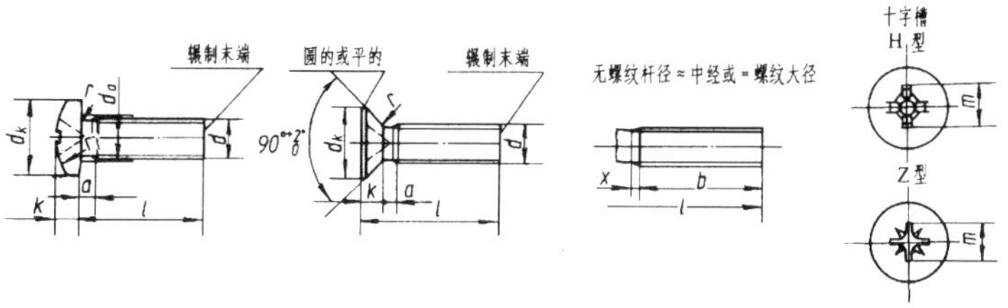

标 记 示 例

螺纹规格 d = M5、公称长度 l = 20 mm、性能等级为 4.8 级、H 型十字槽、不经表面处理的 A 级十字槽盘头螺钉:

螺钉 GB/T 818 M5 × 20

mm

螺纹规格 d			M1.6	M2	M2.5	M3	M4	M5	M6	M8	M10
螺距 P			0.35	0.4	0.45	0.5	0.7	0.8	1	1.25	1.5
a	max		0.7	0.8	0.9	1	1.4	1.6	2	2.5	3
b	min		25	25	25	25	38	38	38	38	38
d_a	max		2	2.6	3.1	3.6	4.7	5.7	6.8	9.2	11.2
d_k	公称 = max	GB/T 818—2000	3.2	4.0	5.0	5.6	8.00	9.50	12.00	16.00	20.00
		GB/T 819.1—2000	3.0	3.8	4.7	5.5	8.40	9.30	11.30	15.80	18.30
	min	GB/T 818—2000	2.9	3.7	4.7	5.3	7.64	9.14	11.57	15.57	19.48
		GB/T 819.1—2000	2.7	3.5	4.4	5.2	8.04	8.94	10.87	15.37	17.78
k	公称 = max	GB/T 818—2000	1.30	1.60	2.10	2.40	3.10	3.70	4.6	6.0	7.50
		GB/T 819.1—2000	1	1.2	1.5	1.65	2.7	2.7	3.3	4.65	5
	min	GB/T 818—2000	1.16	1.46	1.96	2.26	2.92	3.52	4.3	5.7	7.14

续表

螺纹规格 d				M1.6	M2	M2.5	M3	M4	M5	M6	M8	M10
r	min		GB/T 818—2000	0.1	0.1	0.1	0.1	0.2	0.2	0.25	0.4	0.4
	max		GB/T 819.1—2000	0.4	0.5	0.6	0.8	1	1.3	1.5	2	2.5
r_f			≈	2.5	3.2	4	5	6.5	8	10	13	16
x			max	0.9	1	1.1	1.25	1.75	2	2.5	3.2	3.8
十字槽	槽号 No.			0		1		2		3	4	
	H型	m 参考	GB/T 818—2000	1.7	1.9	2.7	3	4.4	4.9	6.9	9	10.1
			GB/T 819.1—2000	1.6	1.9	2.9	3.2	4.6	5.2	6.8	8.9	10
		插入深度 max	GB/T 818—2000	0.95	1.2	1.55	1.8	2.4	2.9	3.6	4.6	5.8
			GB/T 819.1—2000	0.9	1.2	1.8	2.1	2.6	3.2	3.5	4.6	5.7
		插入深度 min	GB/T 818—2000	0.70	0.9	1.15	1.4	1.9	2.4	3.1	4.0	5.2
			GB/T 819.1—2000	0.6	0.9	1.4	1.7	2.1	2.7	3.0	4.0	5.1
	Z型	m 参考	GB/T 818—2000	1.6	2.1	2.6	2.8	4.3	4.7	6.7	8.8	9.9
			GB/T 819.1—2000	1.6	1.9	2.8	3	4.4	4.9	6.6	8.8	9.8
		插入深度 max	GB/T 818—2000	0.90	1.42	1.50	1.75	2.34	2.74	3.46	4.50	5.69
			GB/T 819.1—2000	0.95	1.20	1.73	2.01	2.51	3.05	3.45	4.60	5.64
		插入深度 min	GB/T 818—2000	0.65	1.17	1.25	1.50	1.89	2.29	3.03	4.05	5.24
			GB/T 819.1—2000	0.70	0.95	1.48	1.76	2.06	2.60	3.00	4.15	5.19
l(商品规格范围)				3 ~ 16	3 ~ 20	3 ~ 25	4 ~ 30	5 ~ 40	6 ~ 45	8 ~ 60	10 ~ 60	12 ~ 60
l(系列)				3,4,5,6,8,10,12,(14),16,20,25,30,35,40,45,50,(55),60								

注:1. 公称长度 $l \leqslant 25$ mm(GB/T 819.1—2000,$l \leqslant 30$ mm),而螺纹规格 d 在 M1.6 ~ M3 的螺钉,应制出全螺纹;公称长度 $l \leqslant 40$ mm(GB/T 819.1—2000,$l \leqslant 45$ mm),而螺纹规格 d 在 M4 ~ M10 的螺钉,也应制出全螺纹($b = l - a$)(GB/T 819.1—2000,$b = l - (k + a)$)。

2. 尽可能不采用括号内的规格。

3. GB/T 819.1—2000 的尺寸"d_k 理论值 max"未列入。

附表 2-10 内六角圆柱头螺钉(GB/T 70.1—2000)摘编

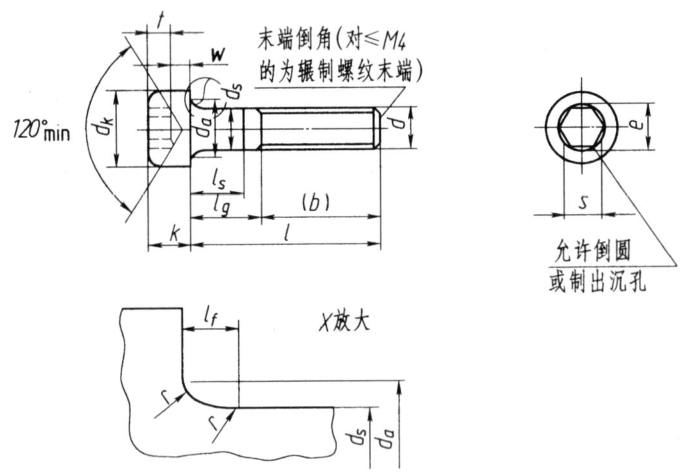

标 记 示 例

螺纹规格 d = M5、公称长度 l = 20 mm、性能等级为 8.8 级、表面氧化的 A 级内六角圆柱头螺钉:

螺钉 GB/T 70.1 M5 × 20

mm

续表

螺纹规格 d		M3	M4	M5	M6	M8	M10	M12	M16	M20	M24
螺距 P		0.5	0.7	0.8	1	1.25	1.5	1.75	2	2.5	3
$b_{参考}$		18	20	22	24	28	32	36	44	52	60
d_k	max	5.50	7.00	8.50	10.00	13.00	16.00	18.00	24.00	30.00	36.00
	min	5.32	6.78	8.28	9.78	12.73	15.73	17.73	23.67	29.67	35.61
d_a	max	3.6	4.7	5.7	6.8	9.2	11.2	13.7	17.7	22.4	26.4
d_s	max	3.00	4.00	5.00	6.00	8.00	10.00	12.00	16.00	20.00	24.00
	min	2.86	3.82	4.82	5.82	7.78	9.78	11.73	15.73	19.67	23.67
e	min	2.87	3.44	4.58	5.72	6.86	9.15	11.43	16	19.44	21.73
l_f	max	0.51	0.6	0.6	0.68	1.02	1.02	1.45	1.45	2.04	2.04
k	max	3.00	4.00	5.00	6.0	8.00	10.00	12.00	16.00	20.00	24.00
	min	2.86	3.82	4.82	5.7	7.64	9.64	11.57	15.57	19.48	23.48
r	min	0.1	0.2	0.2	0.25	0.4	0.4	0.6	0.6	0.8	0.8
s	公称	2.5	3	4	5	6	8	10	14	17	19
	max	2.58	3.080	4.095	5.140	6.140	8.175	10.175	14.212	17.23	19.275
	min	2.52	3.020	4.020	5.020	6.020	8.025	10.025	14.032	17.05	19.065
t	min	1.3	2	2.5	3	4	5	6	8	10	12
d_w	min	5.07	6.53	8.03	9.38	12.33	15.33	17.23	23.17	28.87	34.81
w	min	1.15	1.4	1.9	2.3	3.3	4	4.8	6.8	8.6	10.4
l(商品规格范围)		5 ~ 30	6 ~ 40	8 ~ 50	10 ~ 60	12 ~ 80	16 ~ 100	20 ~ 120	25 ~ 160	30 ~ 200	40 ~ 200
$l \leqslant$ 表中数值时，螺纹制到距头部 $3P$ 以内		20	25	25	30	35	40	50	60	70	80
l(系列)		5,6,8,10,12,16,20,25,30,35,40,45,50,55,60,65,70,80,90,100,110,120,130,140,150,160,180,200									

注:1. l_g 与 l_s 表中未列出。

2. s_{max}用于除 12.9 级外的其他性能等级。

3. d_{kmax}只对光滑头部，滚花头部未列出。

附表 2－11 开槽锥端紧定螺钉（GB 71—85）
开槽平端紧定螺钉（GB 73—85）
开槽长圆柱端紧定螺钉（GB 75—85）摘编

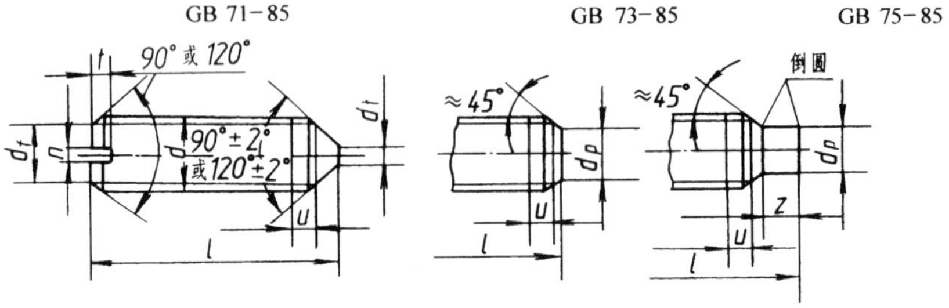

公称长度为短螺钉时，应制成 120°，u 为不完整螺纹的长度 $\leqslant 2P$

标 记 示 例

螺纹规格 d = M5、公称长度 l = 12 mm、性能等级为 14H 级、表面氧化的开槽平端紧定螺钉：

螺钉　GB 73 M5 × 12

mm

螺纹规格 d		M1.2	M1.6	M2	M2.5	M3	M4	M5	M6	M8	M10	M12
螺距 P		0.25	0.35	0.4	0.45	0.5	0.7	0.8	1	1.25	1.5	1.75
d_f	≈	螺 纹 小 径										
d_t	min	—	—	—	—	—	—	—	—	—	—	—
	max	0.12	0.16	0.2	0.25	0.3	0.4	0.5	1.5	2	2.5	3
d_p	min	0.35	0.55	0.75	1.25	1.75	2.25	3.2	3.7	5.2	6.64	8.14
	max	0.6	0.8	1	1.5	2	2.5	3.5	4	5.5	7	8.5
n	公称	0.2	0.25	0.25	0.4	0.4	0.6	0.8	1	1.2	1.6	2
	min	0.26	0.31	0.31	0.46	0.46	0.66	0.86	1.06	1.26	1.66	2.06
	max	0.4	0.45	0.45	0.6	0.6	0.8	1	1.2	1.51	1.91	2.31
t	min	0.4	0.56	0.64	0.72	0.8	1.12	1.28	1.6	2	2.4	2.8
	max	0.52	0.74	0.84	0.95	1.05	1.42	1.63	2	2.5	3	3.6
z	min	—	0.8	1	1.25	1.5	2	2.5	3	4	5	6
	max	—	1.05	1.25	1.5	1.75	2.25	2.75	3.25	4.3	5.3	6.3
GB 71—85	l(公称长度)	2 ~ 6	2 ~ 8	3 ~ 10	3 ~ 12	4 ~ 16	6 ~ 20	8 ~ 25	8 ~ 30	10 ~ 40	12 ~ 50	14 ~ 60
	l(短螺钉)	2	2 ~ 2.5	2 ~ 2.5	2 ~ 3	2 ~ 3	2 ~ 4	2 ~ 5	2 ~ 6	2 ~ 8	2 ~ 10	2 ~ 12
GB 73—85	l(公称长度)	2 ~ 6	2 ~ 8	2 ~ 10	2.5 ~ 12	3 ~ 16	4 ~ 20	5 ~ 25	6 ~ 30	8 ~ 40	10 ~ 50	12 ~ 60
	l(短螺钉)	—	2	2 ~ 2.5	2 ~ 3	2 ~ 3	2 ~ 4	2 ~ 5	2 ~ 6	2 ~ 6	2 ~ 8	2 ~ 10
GB 75—85	l(公称长度)	—	2.5 ~ 8	3 ~ 10	4 ~ 12	5 ~ 16	6 ~ 20	8 ~ 25	8 ~ 30	10 ~ 40	12 ~ 50	14 ~ 60
	l(短螺钉)	—	2 ~ 2.5	2 ~ 3	2 ~ 4	2 ~ 5	2 ~ 6	2 ~ 8	2 ~ 10	2 ~ 14	2 ~ 16	2 ~ 20
l(系列)		2,2.5,3,4,5,6,8,10,12,(14),16,20,25,30,35,40,45,50,(55),60										

注：1. 公称长度为商品规格尺寸。

2. 尽可能不采用括号内的规格。

三、键与销

附表 3-1 普通平键键槽的尺寸与公差(GB/T 1095—2003)摘编

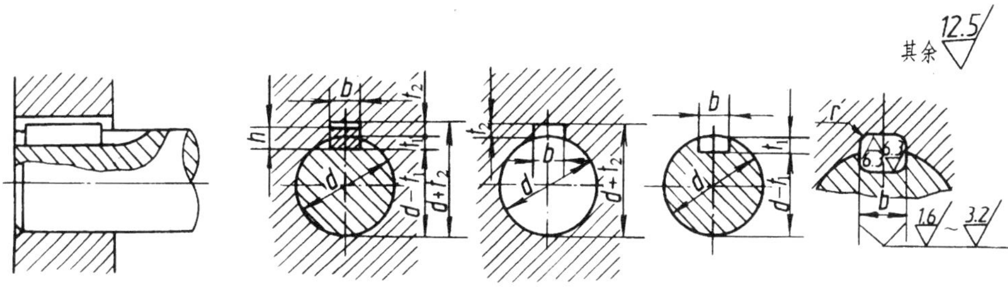

注:在工作图中,轴槽深用 t_1 或 $(d-t_1)$ 标注,轮毂槽深用 $(d+t_2)$ 标注。

mm

轴的直径 d	键尺寸 $b \times h$	键槽											
		宽度 b						深度				半径 r	
		基本尺寸	极限偏差					轴 t_1		毂 t_2			
			正常联结		紧密联结	松联结		基本尺寸	极限偏差	基本尺寸	极限偏差		
			轴 N9	毂 JS9	轴和毂 P9	轴 H9	毂 D10					min	max
>6~8	2×2	2	−0.004 −0.029	±0.0125	−0.006 −0.031	+0.025 0	+0.060 +0.020	1.2	+0.1 0	1	+0.1 0	0.08	0.16
>8~10	3×3	3						1.8		1.4			
>10~12	4×4	4	0 −0.030	±0.015	−0.012 −0.042	+0.030 0	+0.078 +0.030	2.5		1.8			
>12~17	5×5	5						3.0		2.3		0.16	0.25
>17~22	6×6	6						3.5		2.8			
>22~30	8×7	8	0 −0.036	±0.018	−0.015 −0.051	+0.036 0	+0.098 +0.040	4.0	+0.2 0	3.3	+0.2 0		
>30~38	10×8	10						5.0		3.3		0.25	0.40
>38~44	12×8	12	0 −0.043	±0.0215	+0.018 −0.061	+0.043 0	+0.120 +0.050	5.0		3.3			
>44~50	14×9	14						5.5		3.8			
>50~58	16×10	16						6.0		4.3			
>58~65	18×11	18						7.0		4.4			
>65~75	20×12	20	0 −0.052	±0.026	+0.022 −0.074	+0.052 0	+0.149 +0.065	7.5		4.9		0.40	0.60
>75~85	22×14	22						9.0		5.4			
>85~95	25×14	25						9.0		5.4			
>95~110	28×16	28						10.0		6.4			
>110~130	32×18	32	0 −0.062	±0.031	−0.026 −0.088	+0.062 0	+0.180 +0.080	11.0		7.4			
>130~150	36×20	36						12.0	+0.3 0	8.4	+0.3 0	0.70	1.0
>150~170	40×22	40						13.0		9.4			
>170~200	45×25	45						15.0		10.4			

注:1. $(d-t_1)$ 和 $(d+t_2)$ 两组组合尺寸的极限偏差按相应的 t_1 和 t_2 的极限偏差选取,但 $(d-t_1)$ 极限偏差应取负号(−)。

2. 轴的直径不在本标准所列,仅供参考。

附表 3-2　普通平键的尺寸与公差(GB/T 1096—2003)摘编

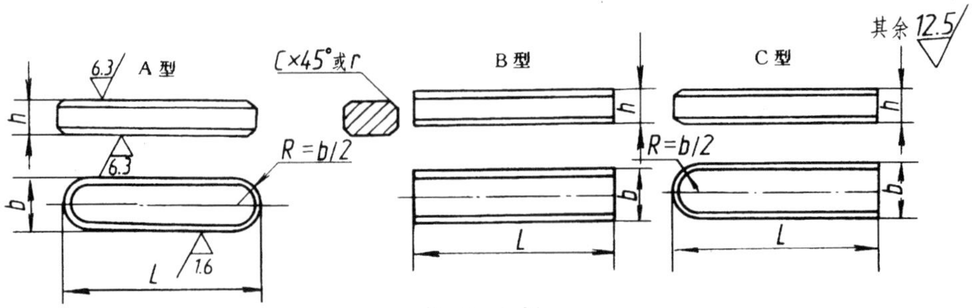

标 记 示 例

圆头普通平键(A 型)、b = 18 mm、h = 11 mm、L = 100 mm：GB/T 1096　键 18 × 11 × 100

平头普通平键(B 型)、b = 18 mm、h = 11 mm、L = 100 mm：GB/T 1096　键 B18 × 11 × 100

单圆头普通平键(C 型)、b = 18 mm、h = 11 mm、L = 100 mm：GB/T 1096　键 C18 × 11 × 100

mm

宽度 b	基本尺寸		2	3	4	5	6	8	10	12	14	16	18	20	22
	极限偏差(h8)		0 -0.014		0 -0.018			0 -0.022		0 -0.027				0 -0.033	
高度 h	基本尺寸		2	3	4	5	6	7	8	8	9	10	11	12	14
	极限偏差	矩形(h11)	—		—			0 -0.090					0 -0.010		
		方形(h8)	0 -0.014		0 -0.018			—					—		
倒角或圆角 s			0.16～0.25			0.25～0.40			0.40～0.60					0.60～0.80	

长度 L 基本尺寸	极限偏差(h14)													
6	0 -0.36			—	—	—	—	—	—	—	—	—	—	—
8					—	—	—	—	—	—	—	—	—	—
10						—	—	—	—	—	—	—	—	—
12	0 -0.48					—	—	—	—	—	—	—	—	—
14							—	—	—	—	—	—	—	—
16							—	—	—	—	—	—	—	—
18								—	—	—	—	—	—	—
20	0 -0.52							—	—	—	—	—	—	—
22		—			标准				—	—	—	—	—	—
25		—							—	—	—	—	—	—
28		—								—	—	—	—	—
32	0 -0.62	—								—	—	—	—	—
36		—									—	—	—	—
40		—	—								—	—	—	—
45		—	—					长度				—	—	—
50		—	—	—									—	—
56	0 -0.74	—	—	—										—
63		—	—	—	—									
70		—	—	—	—									
80		—	—	—	—	—								
90	0 -0.87	—	—	—	—	—					范围			
100		—	—	—	—	—	—							
110		—	—	—	—	—	—							
125	0 -1.00	—	—	—	—	—	—	—						
140		—	—	—	—	—	—	—						
160		—	—	—	—	—	—	—	—					
180		—	—	—	—	—	—	—	—	—				
200	0 -1.15	—	—	—	—	—	—	—	—	—	—			
220		—	—	—	—	—	—	—	—	—	—	—		
250		—	—	—	—	—	—	—	—	—	—	—	—	

附表 3－3　圆柱销　不淬硬钢和奥氏体不锈钢(GB/T 119.1—2000)
圆柱销　淬硬钢和马氏体不锈钢(GB/T 119.2—2000)摘编

末端形状,由制造者确定

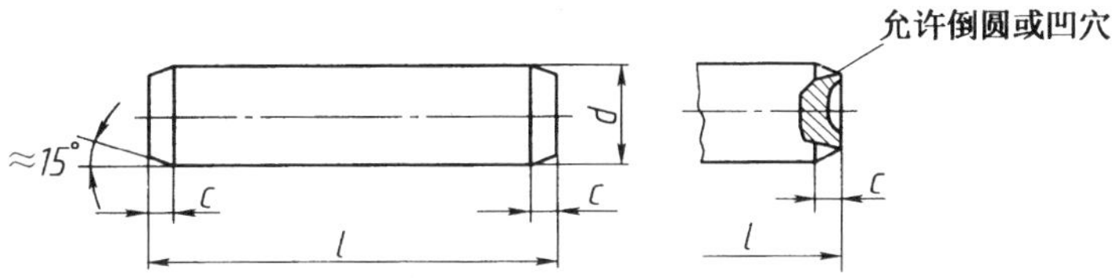

标记示例

公称直径 $d=6$ mm、公差为 m6、公称长度 $l=30$ mm、材料为钢、不经淬火、不经表面处理的圆柱销:

销　GB/T 119.1　6×30

公称直径 $d=6$ mm、公差为 m6、公称长度 $l=30$ mm、材料为钢、普通淬火(A 型)、表面氧化处理的圆柱销:

销　GB/T 119.2　6×30

mm

d(公称)		1.5	2	2.5	3	4	5	6	8
c≈		0.3	0.35	0.4	0.5	0.63	0.8	1.2	1.6
l(商品长度范围)	GB/T 119.1	4～16	6～20	6～24	8～30	8～40	10～50	12～60	14～80
	GB/T 119.2	4～16	5～20	6～24	8～30	10～40	12～50	14～60	18～80
d(公称)		10	12	16	20	25	30	40	50
c≈		2	2.5	3	3.5	4	5	6.3	8
l(商品长度范围)	GB/T 119.1	18～95	22～140	26～180	35～200 以上	50～200 以上	60～200 以上	80～200 以上	95～200 以上
	GB/T 119.2	22～100 以上	26～100 以上	40～100 以上	50～100 以上	—	—	—	—
l(系列)		3,4,5,6,8,10,12,14,16,18,20,22,24,26,28,30,32,35,40,45,50,55,60,65,70,75,80,85,90,95,100,120,140,160,180,200,……							

注:1. 公称直径 d 的公差:GB/T 119.1—2000 规定为 m6 和 h8,GB/T 119.2—2000 仅有 m6。其他公差由供需双方协议。
2. GB/T 119.2—2000 中淬硬钢按淬火方法不同,分为普通淬火(A 型)和表面淬火(B 型)。
3. 公称长度大于 200 mm,按 20 mm 递增。

附表 3－4 圆锥销(GB/T 117—2000)摘编

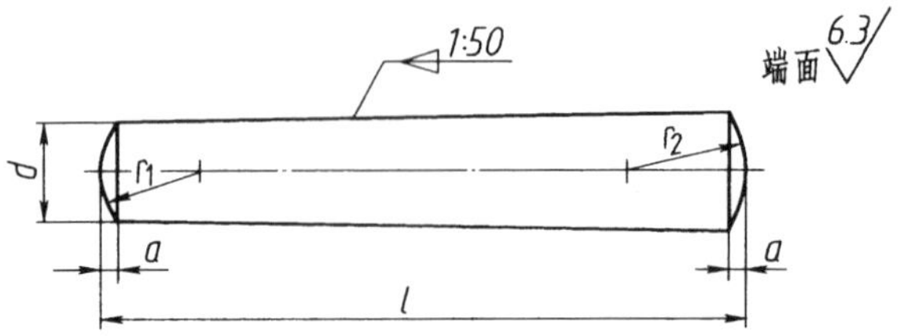

$r_1 \approx d$

$r_2 \approx \frac{a}{2} + d + \frac{(0.02l)^2}{8a}$

锥面粗糙度见附注

标 记 示 例

公称直径 $d = 6$ mm、公称长度 $l = 30$ mm、材料为 35 钢、热处理硬度 28～38 HRC、表面氧化处理的 A 型圆锥销：

销 GB/T 117 6×30

mm

d(公称)	0.6	0.8	1	1.2	1.5	2	2.5	3	4	5
$a \approx$	0.08	0.1	0.12	0.16	0.2	0.25	0.3	0.4	0.5	0.63
l(商品长度范围)	4～8	5～12	6～16	6～20	8～24	10～35	10～35	12～45	14～55	18～60
d(公称)	6	8	10	12	16	20	25	30	40	50
$a \approx$	0.8	1	1.2	1.6	2	2.5	3	4	5	6.3
l(商品长度范围)	22～90	22～120	26～160	32～180	40～200以上	45～200以上	50～200以上	55～200以上	60～200以上	65～200以上
l(系列)	2,3,4,5,6,8,10,12,14,16,18,20,22,24,26,28,30,32,35,40,45,50,55,60,65,70,75,80,85,90,95,100,120,140,160,180,200,……									

注：1. 公称直径 d 的公差规定为 h10，其他公差如 a11，c11 和 f8 由供需双方协议。

2. 圆锥销有 A 型和 B 型。A 型为磨削，锥面表面粗糙度 $Ra = 0.8$ μm，B 型为切削或冷镦，锥面表面粗糙度 $Ra = 3.2$ μm。

3. 公称长度大于 200 mm，按 20 mm 递增。

附表 3－5 开口销(GB/T 91—2000)摘编

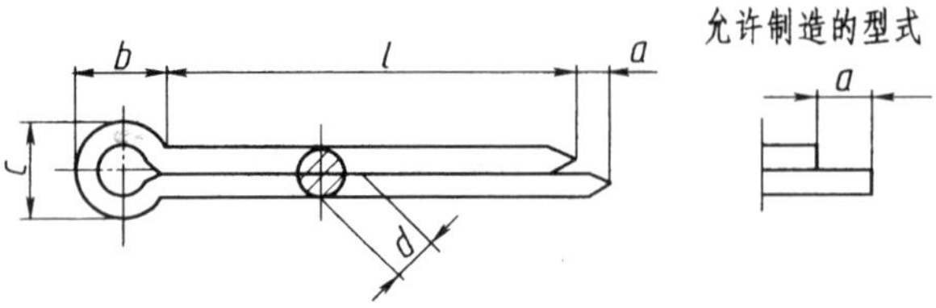

标 记 示 例

公称规格为 5 mm、公称长度 $l = 50$ mm、材料为 Q215 或 Q235、不经表面处理的开口销：

销 GB/T 91 5×50

mm

续表

公称规格			0.6	0.8	1	1.2	1.6	2	2.5	3.2
d		max	0.5	0.7	0.9	1.0	1.4	1.8	2.3	2.9
		min	0.4	0.6	0.8	0.9	1.3	1.7	2.1	2.7
a		max	1.6	1.6	1.6	2.50	2.50	2.50	2.50	3.2
b		≈	2	2.4	3	3	3.2	4	5	6.4
c		max	1.0	1.4	1.8	2.0	2.8	3.6	4.6	5.8
适用的直径	螺栓	>	—	2.5	3.5	4.5	5.5	7	9	11
		≤	2.5	3.5	4.5	5.5	7	9	11	14
	U形销	>	—	2	3	4	5	6	8	9
		≤	2	3	4	5	6	8	9	12
商品长度范围			4 ~ 12	5 ~ 16	6 ~ 20	8 ~ 25	8 ~ 32	10 ~ 40	12 ~ 50	14 ~ 63
公称规格			4	5	6.3	8	10	13	16	20
d		max	3.7	4.6	5.9	7.5	9.5	12.4	15.4	19.3
		min	3.5	4.4	5.7	7.3	9.3	12.1	15.1	19.0
a		max	4	4	4	4	6.30	6.30	6.30	6.30
b		≈	8	10	12.6	16	20	26	32	40
c		max	7.4	9.2	11.8	15.0	19.0	24.8	30.8	38.5
适用的直径	螺栓	>	14	20	27	39	56	80	120	170
		≤	20	27	39	56	80	120	170	—
	U形销	>	12	17	23	29	44	69	110	160
		≤	17	23	29	44	69	110	160	—
商品长度范围			18 ~ 80	22 ~ 100	32 ~ 125	40 ~ 160	45 ~ 200	71 ~ 250	112 ~ 280	160 ~ 280
l(系列)			4,5,6,8,10,12,14,16,18,20,22,25,28,32,36,40,45,50,56,63,71,80,90,100,112,125,140,160,180,200,224,250,280							

注:1. 公称规格等于开口销孔的直径。对销孔直径推荐的公差为:

公称规格≤1.2:H13;公称规格>1.2:H14

根据供需双方协议,允许采用公称规格为3、6和12 mm的开口销。

2. 用于铁道和在U形销中开口销承受交变横向力的场合,推荐使用的开口销规格应较本表规定的加大一档。

四、滚动轴承

附表 4－1　深沟球轴承(GB/T 276—94)摘编

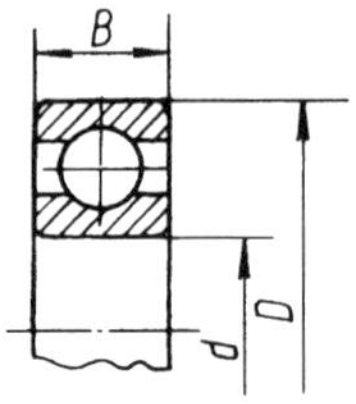

60000 型

轴承代号	尺寸/mm		
	d	*D*	*B*
10 系列			
606	6	17	6
607	7	19	6
608	8	22	7
609	9	24	7
6000	10	26	8
6001	12	28	8
6002	15	32	9
6003	17	35	10
6004	20	42	12
60/22	22	44	12
6005	25	47	12
60/28	28	52	12
6006	30	55	13
60/32	32	58	13
6007	35	62	14
6008	40	68	15
6009	45	75	16
6010	50	80	16
6011	55	90	18
6012	60	95	18
02 系列			
623	3	10	4
624	4	13	5
625	5	16	5
626	6	19	6
627	7	22	7
628	8	24	8
629	9	26	8
6200	10	30	9
6201	12	32	10
6202	15	35	11
6203	17	40	12
6204	20	47	14
62/22	22	50	14
6205	25	52	15
62/28	28	58	16
6206	30	62	16
62/32	32	65	17
6207	35	72	17
6208	40	80	18
6209	45	85	19
6210	50	90	20
6211	55	100	21
6212	60	110	22

轴承代号	尺寸/mm		
	d	*D*	*B*
03 系列			
633	3	13	5
634	4	16	5
635	5	19	6
6300	10	35	11
6301	12	37	12
6302	15	42	13
6303	17	47	14
6304	20	52	15
63/22	22	56	16
6305	25	62	17
63/28	28	68	18
6306	30	72	19
63/32	32	75	20
6307	35	80	21
6308	40	90	23
6309	45	100	25
6310	50	110	27
6311	55	120	29
6312	60	130	31
6313	65	140	33
6314	70	150	35
6315	75	160	37
6316	80	170	39
6317	85	180	41
6318	90	190	43
04 系列			
6403	17	62	17
6404	20	72	19
6405	25	80	21
6406	30	90	23
6407	35	100	25
6408	40	110	27
6409	45	120	29
6410	50	130	31
6411	55	140	33
6412	60	150	35
6413	65	160	37
6414	70	180	42
6415	75	190	45
6416	80	200	48
6417	85	210	52
6418	90	225	54
6419	95	240	55
6420	100	250	58
6422	110	280	65

附表 4-2　推力球轴承(GB/T 301—1995)摘编

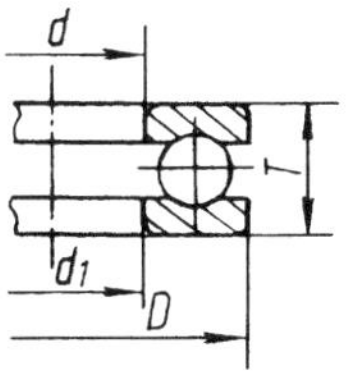

51000 型

轴承代号	尺寸/mm			
	d	d_1 min	D	T
11 系列				
51100	10	11	24	9
51101	12	13	26	9
51102	15	16	28	9
51103	17	18	30	9
51104	20	21	35	10
51105	25	26	42	11
51106	30	32	47	11
51107	35	37	52	12
51108	40	42	60	13
51109	45	47	65	14
51110	50	52	70	14
51111	55	57	78	16
51112	60	62	85	17
51113	65	67	90	18
51114	70	72	95	18
51115	75	77	100	19
51116	80	82	105	19
51117	85	87	110	19
51118	90	92	120	22
51120	100	102	135	25
12 系列				
51200	10	12	26	11
51201	12	14	28	11
51202	15	17	32	12
51203	17	19	35	12
51204	20	22	40	14
51205	25	27	47	15
51206	30	32	52	16
51207	35	37	62	18
51208	40	42	68	19
51209	45	47	73	20
51210	50	52	78	22
51211	55	57	90	25
51212	60	62	95	26
51213	65	67	100	27

轴承代号	尺寸/mm			
	d	d_1 min	D	T
12 系列				
51214	70	72	105	27
51215	75	77	110	27
51216	80	82	115	28
51217	85	88	125	31
51218	90	93	135	35
51220	100	103	150	38
13 系列				
51304	20	22	47	18
51305	25	27	52	18
51306	30	32	60	21
51307	35	37	68	24
51308	40	42	78	26
51309	45	47	85	28
51310	50	52	95	31
51311	55	57	105	35
51312	60	62	110	35
51313	65	67	115	36
51314	70	72	125	40
51315	75	77	135	44
51316	80	82	140	44
51317	85	88	150	49
51318	90	93	155	50
51320	100	103	170	55
14 系列				
51405	25	27	60	24
51406	30	32	70	28
51407	35	37	80	32
51408	40	42	90	36
51409	45	47	100	39
51410	50	52	110	43
51411	55	57	120	48
51412	60	62	130	51
51413	65	67	140	56
51414	70	72	150	60
51415	75	77	160	65
51416	80	82	170	68
51417	85	88	180	72
51418	90	93	190	77
51420	100	103	210	85

五、常用标准数据和标准结构

附表 5-1 零件倒圆与倒角(GB/T 6403.4—1986)摘编 mm

型式

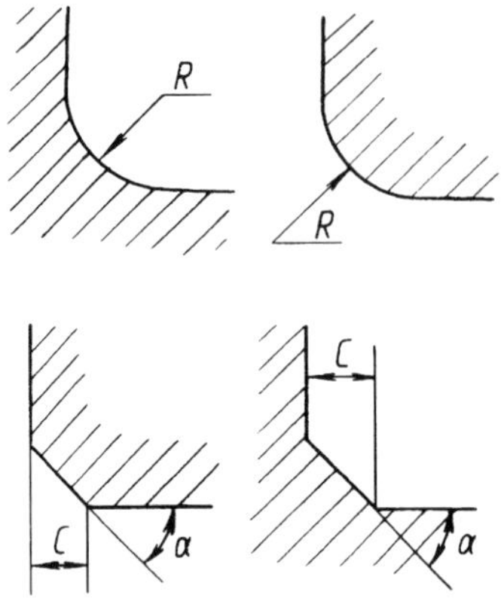

R、C 尺寸系列：

0.1,0.2,0.3,0.4,0.5,0.6,0.8,1.0,1.2,1.6,2.0,2.5,3.0,4.0,5.0,6.0,8.0,10,12,16,20,25,32,40,50

装配方式

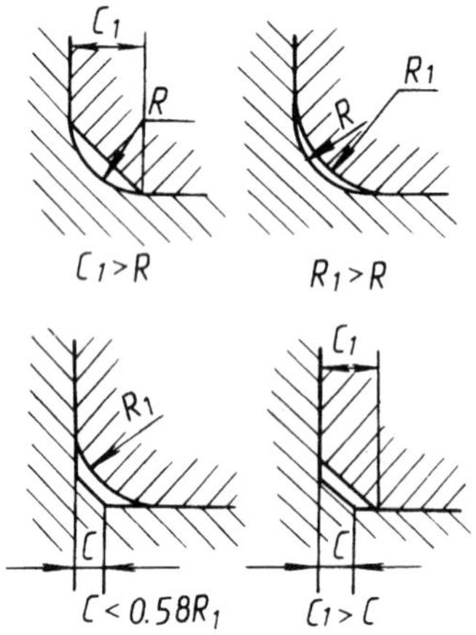

尺寸规定：

1. R_1、C_1 的偏差为正：R、C 的偏差为负。
2. 第三种装配方式，C 的最大值 C_{max} 与 R_1 的关系如下。

R_1	0.1	0.2	0.3	0.4	0.5	0.6	0.8	1.0	1.2	1.6	2.0	2.5	3.0	4.0	5.0	6.0	8.0	10	12	16	20	25
C_{max}	—	0.1	0.1	0.2	0.2	0.3	0.4	0.5	0.6	0.8	1.0	1.2	1.6	2.0	2.5	3.0	4.0	5.0	6.0	8.0	10	12

直径 ϕ 相应的倒角 C、倒圆 R 的推荐值 mm

ϕ	~3	>3~6	>6~10	>10~18	>18~30	>30~50	>50~80	>80~120	>120~180
C 或 R	0.2	0.4	0.6	0.8	1.0	1.6	2.0	2.5	3.0
ϕ	>180~250	>250~320	>320~400	>400~500	>500~630	>630~800	>800~1 000	>1 000~1 250	>1 250~1 600
C 或 R	4.0	5.0	6.0	8.0	10	12	16	20	25

附表 5－2　砂轮越程槽(用于回转面及端面)(GB/T 6403.5—1986)摘编

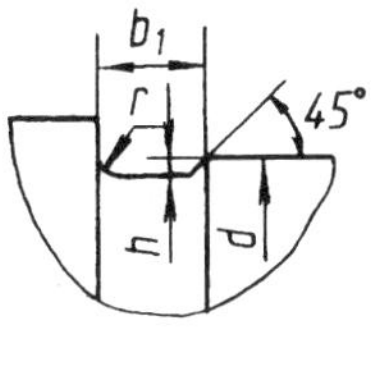

磨外圆

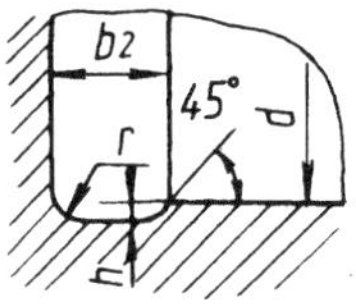

磨内圆

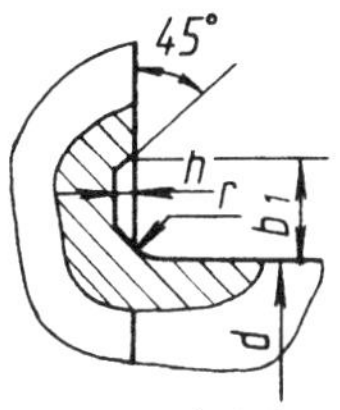

磨外端面

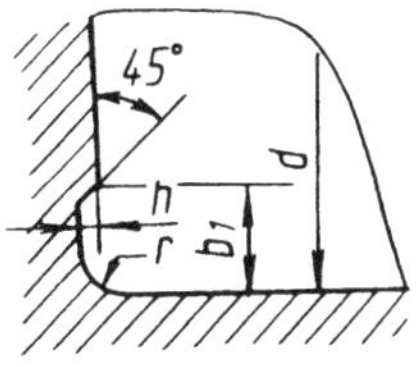

磨内端面

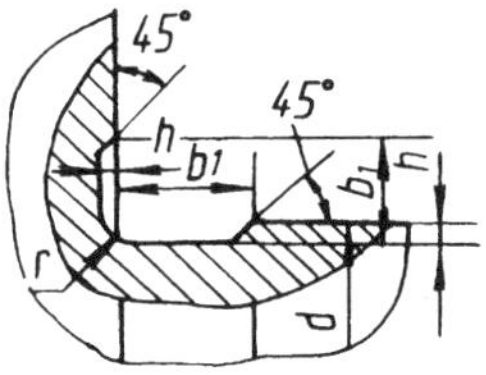

磨外圆及端面

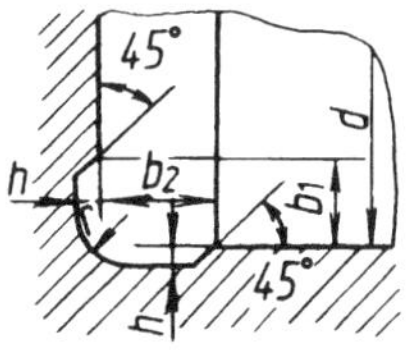

磨内圆及端面

mm

b_1	0.6	1.0	1.6	2.0	3.0	4.0	5.0	8.0	10
b_2	2.0	3.0		4.0		5.0		8.0	10
h	0.1	0.2		0.3	0.4		0.6	0.8	1.2
r	0.2	0.5		0.8	1.0		1.6	2.0	3.0
d	~10			>10~15		>50~100		>100	

注：1. 越程槽内二直线相交处，不允许产生尖角。

2. 越程槽深度 h 与圆弧半径 r 要满足 $r \leqslant 3h$。

3. 磨削具有数个直径的工件时，可使用同一规格的越程槽。

4. 直径 d 值大的零件，允许选择小规格的砂轮越程槽。

附表 5－3　中心孔的形式与尺寸(GB/T 145—2001)、中心孔表示法(GB/T 4459.5—1999)摘编

A 型

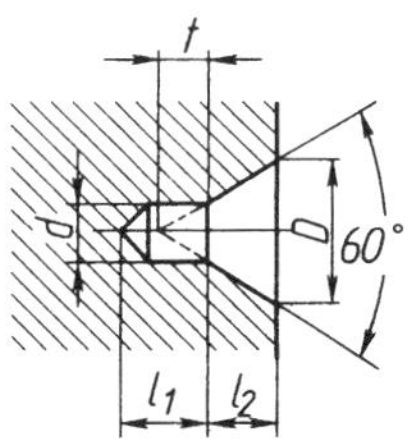

(D、l_2 制造厂可任选其一)

B 型

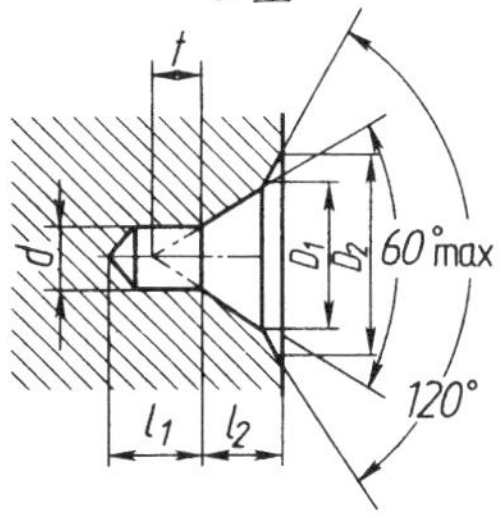

(D_2、l_2 制造厂可任选其一)

C 型

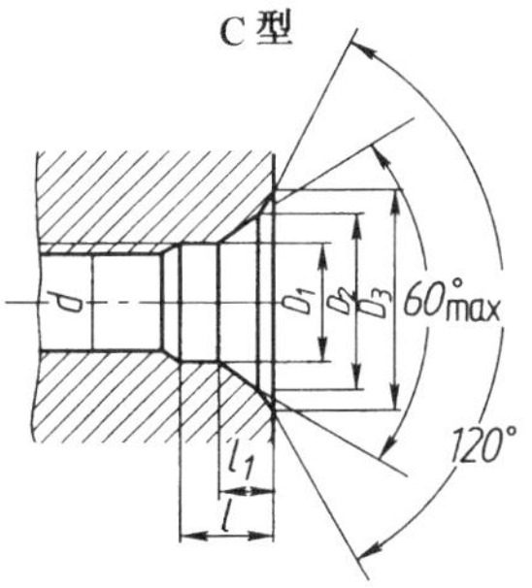

中心孔尺寸　　mm

续表

A 型				B 型					C 型					
d	D	l_2	t 参考	d	D_1	D_2	l_2	t 参考	d	D_1	D_2	D_3	l	l_1 参考
2.00	4.25	1.95	1.8	2.00	4.25	6.30	2.54	1.8	M4	4.3	6.7	7.4	3.2	2.1
2.50	5.30	2.42	2.2	2.50	5.30	8.00	3.20	2.2	M5	5.3	8.1	8.8	4.0	2.4
3.15	6.70	3.07	2.8	3.15	6.70	10.00	4.03	2.8	M6	6.4	9.6	10.5	5.0	2.8
4.00	8.50	3.90	3.5	4.00	8.50	12.50	5.05	3.5	M8	8.4	12.2	13.2	6.0	3.3
(5.00)	10.60	4.85	4.4	(5.00)	10.60	16.00	6.41	4.4	M10	10.5	14.9	16.3	7.5	3.8
6.30	13.20	5.98	5.5	6.30	13.20	18.00	7.36	5.5	M12	13.0	18.1	19.8	9.5	4.4
(8.00)	17.00	7.79	7.0	(8.00)	17.00	22.40	9.36	7.0	M16	17.0	23.0	25.3	12.0	5.2
10.00	21.20	9.70	8.7	10.00	21.20	28.00	11.66	8.7	M20	21.0	28.4	31.3	15.0	6.4

注：1. 尺寸 l_1 取决于中心钻的长度，此值不应小于 t 值(对 A 型、B 型)。

2. 括号内的尺寸尽量不采用。

3. R 型中心孔未列入。

中心孔表示法

要　求	符　　号	表示法示例	说　　明
在完工的零件上要求保留中心孔	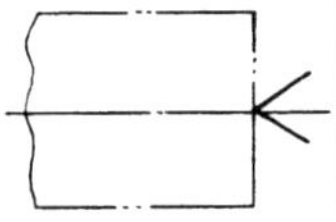	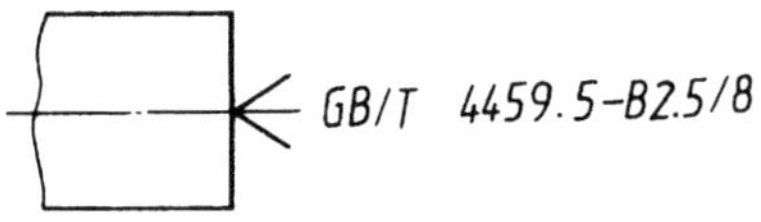	采用 B 型中心孔 $d = 2.5$ mm　$D_1 = 8$ mm 在完工的零件上要求保留
在完工的零件上可以保留中心孔	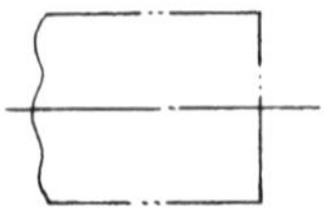	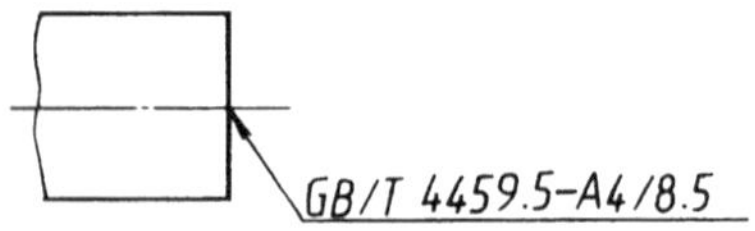	采用 A 型中心孔 $d = 4$ mm　$D_1 = 8.5$ mm 在完工的零件上是否保留都可以
在完工的零件上不允许保留中心孔	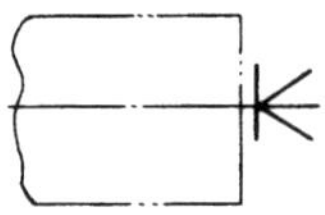		采用 A 型中心孔 $d = 1.6$ mm　$D_1 = 3.35$ mm 在完工的零件上不允许保留

注：在不致引起误解时，可省略标记中的标准编号。

六、常用金属材料、热处理和表面处理

附表 6-1 常用钢材牌号及用途

名 称	牌 号	应用举例
碳素结构钢 (GB 700—88)	Q215 Q235	塑性较高，强度较低，焊接性好，常用作各种板材及型钢，制作工程结构或机器中受力不大的零件，如螺钉、螺母、垫圈、吊钩、拉杆等；也可渗碳，制作不重要的渗碳零件
	Q275	强度较高，可制作承受中等应力的普通零件，如紧固件、吊钩、拉杆等；也可经热处理后制造不重要的轴
优质碳素结构钢 (GB/T 699—1988)	15 20	塑性、韧性、焊接性和冷冲性很好，但强度较低。用于制造受力不大、韧性要求较高的零件、紧固件、渗碳零件及不要求热处理的低负荷零件，如螺栓、螺钉、拉条、法兰盘等
	35	有较好的塑性和适当的强度，用于制造曲轴、转轴、轴销、杠杆、连杆、横梁、链轮、垫圈、螺钉、螺母等。这种钢多在正火和调质状态下使用，一般不作焊接作用
	40 45	用于要求强度较高、韧性要求中等的零件，通常进行调质或正火处理。用于制造齿轮、齿条、链轮、轴、曲轴等；经高频表面淬火后可替代渗碳钢制作齿轮、轴、活塞销等零件
	55	经热处理后有较高的表面硬度和强度，具有较好韧性，一般经正火或淬火、回火后使用。用于制造齿轮、连杆、轮圈及轧辊等。焊接性及冷变形性均低
	65	一般经淬火中温回火，具有较高弹性，适用于制作小尺寸弹簧
	15Mn	性能与 15 钢相似，但其淬透性、强度和塑性均稍高于 15 钢。用于制作中心部分的力学性能要求较高且需渗碳的零件。这种钢焊接性好
	65Mn	性能与 65 钢相似，适于制造弹簧、弹簧垫圈、弹簧环和片，以及冷拔钢丝（≤7 mm）和发条
合金结构钢 (GB 3077—88)	20Cr	用于渗碳零件，制作受力不太大、不需要强度很高的耐磨零件，如机床齿轮、齿轮轴、蜗杆、凸轮、活塞销等
	40Cr	调质后强度比碳钢高，常用作中等截面、要求力学性能比碳钢高的重要调质零件，如齿轮、轴、曲轴、连杆螺栓等
	20CrMnTi	强度、韧性均高，是铬镍钢的代用材料。经热处理后，用于承受高速、中等或重负荷以及冲击、磨损等的重要零件，如渗碳齿轮、凸轮等
	38CrMoA1	是渗氮专用钢种，经热处理后用于要求高耐磨性、高疲劳强度和相当高的强度且热处理变形小的零件，如镗杆、主轴、齿轮、蜗杆、套筒、套环等
	35SiMn	除了要求低温（-20°C 以下）及冲击韧性很高的情况外，可全面替代 40Cr 作调质钢；亦可部分替代 40CrNi，制作中小型轴类、齿轮等零件
	50CrVA	用于（$\phi30 \sim \phi50$）mm 重要的承受大应力的各种弹簧；也可用作大截面的温度低于 400°C 的气阀弹簧、喷油嘴弹簧等
铸钢 (GB/T 11352—1989)	ZG200-400	用于各种形状的零件，如机座、变速箱壳等
	ZG230-450	用于铸造平坦的零件，如机座、机盖、箱体等
	ZG270-500	用于各种形状的零件，如飞轮、机架、水压机工作缸、横梁等

附表 6－2　常用铸铁牌号及用途

名　　称	牌　　号	应用举例	说　　明
灰铸铁 (GB/T 9439—1988)	HT100	低载荷和不重要零件，如盖、外罩、手轮、支架、重锤等	牌号中"HT"是"灰铁"二字汉语拼音的第一个字母，其后的数字表示最低抗拉强度(MPa)，但这一力学性能与铸件壁厚有关
	HT150	承受中等应力的零件，如支柱、底座、齿轮箱、工作台、刀架、端盖、阀体、管路附件及一般无工作条件要求的零件	
	HT200 HT250	承受较大应力和较重要零件，如汽缸体、齿轮、机座、飞轮、床身、缸套、活塞、刹车轮、联轴器、齿轮箱、轴承座、油缸等	
	HT300 HT350 HT400	承受高弯曲应力及抗拉应力的重要零件，如齿轮、凸轮、车床卡盘、剪床和压力机的机身、床身、高压油缸、滑阀壳体等	
球墨铸铁 (GB 1348—88)	QT400－15 QT450－10 QT500－7 QT600－3 QT700－2	球墨铸铁可替代部分碳钢、合金钢，用来制造一些受力复杂，强度、韧性和耐磨性要求高的零件。前两种牌号的球墨铸铁，具有较高的韧性与塑性，常用来制造受压阀门、机器底座、汽车后桥壳等；后两种牌号的球墨铸铁，具有较高的强度与耐磨性，常用来制造拖拉机或柴油机中的曲轴、连杆、凸轮轴，各种齿轮，机床的主轴、蜗杆、蜗轮，轧钢机的轧辊、大齿轮，大型水压机的工作缸、缸套、活塞等	牌号中"QT"是"球铁"二字汉语拼音的第一个字母，后面两组数字分别表示其最低抗拉强度(MPa)和最小伸长率(δ×100)

附表 6－3　常用有色金属牌号及用途

名　　称			牌　　号	应用举例
加工黄铜 (GB 5232—85)	普通黄铜		H62	销钉、铆钉、螺钉、螺母、垫圈、弹簧等
			H68	复杂的冷冲压件、散热器外壳、弹壳、导管、波纹管、轴套等
			H90	双金属片、供水和排水管、证章、艺术品等
	铍青铜		QBe2	用于重要的弹簧及弹性元件，耐磨零件以及在高速、高压和高温下工作的轴承等
	铅黄铜		HPb59－1	适用于仪器仪表等工业部门用的切削加工零件，如销、螺钉、螺母、轴套等
加工青铜 (GB 5232—85)	锡青铜	加工锡青铜	QSn4－3	弹性元件、管配件、化工机械中耐磨零件及抗磁零件
			QSn6.5－0.1	弹簧、接触片、振动片、精密仪器中的耐磨零件
		铸造锡青铜	ZCuSn10P1	重要的减磨零件，如轴承、轴套、蜗轮、摩擦轮、机床丝杠螺母等
			ZCuSn5Pb5Zn5	中速、中载荷的轴承、轴套、蜗轮等耐磨零件

续表

名　称	牌　号	应用举例
铸造铝合金 (GB/T 1173—1986)	ZAlSi7Mg (ZL101)	形状复杂的砂型、金属型和压力铸造零件,如飞机、仪器的零件,抽水机壳体,工作温度不超过185°C的汽化器等
	ZAlSi12 (ZL102)	形状复杂的砂型,金属型和压力铸造零件,如仪表、抽水机壳体,工作温度在200°C以下要求气密性、承受低负荷的零件
	ZAlSi5Cu1Mg (ZL105)	砂型、金属型和压力铸造的形状复杂、在225°C以下工作的零件,如风冷发动机的气缸头,机匣、油泵壳体等
	ZAlSi12Cu2Mg1 (ZL108)	砂型、金属型铸造的、要求高温强度及低膨胀系数的高速内燃机活塞及其他耐热零件

附表6-4　常用热处理工艺及代号(GB/T 12603—90)摘编

工　艺	代　号	工艺代号意义
退火	5111	例: 5　1　3　1　e e——冷却介质(油) 1——工艺方法(加热炉) 3——工艺名称(淬火) 1——工艺类型(整体热处理) 5——热处理
正火	5121	
调质	5151	
淬火	5131	
空冷淬火	5131a	
油冷淬火	5131e	
水冷淬火	5131w	
感应加热淬火	5132	
淬火和回火	5141	
表面淬火和回火	5210	
感应淬火和回火	5212	
火焰淬火和回火	5213	
渗碳	5310	
固体渗碳	5311S	
液体渗碳	5311L	
气体渗碳	5311G	
渗氮	5330	
碳氮共渗	5320	

七、轴和孔的极限偏差

附表 7-1 轴的

基本尺寸/mm		基本																
		上偏差 es																
		所有标准公差等级												IT5和IT6	IT7	IT8	IT4至IT7	≤IT3 >IT7
大于	至	a	b	c	cd	d	e	ef	f	fg	g	h	js	j			k	
—	3	-270	-140	-60	-34	-20	-14	-10	-6	-4	-2	0	偏差 = $\pm\frac{ITn}{2}$，式中 ITn 是 IT 值数	-2	-4	-6	0	0
3	6	-270	-140	-70	-46	-30	-20	-14	-10	-6	-4	0		-2	-4		+1	0
6	10	-280	-150	-80	-56	-40	-25	-18	-13	-8	-5	0		-2	-5		+1	0
10	14	-290	-150	-95		-50	-32		-16		-6	0		-3	-6		+1	0
14	18																	
18	24	-300	-160	-110		-65	-40		-20		-7	0		-4	-8		+2	0
24	30																	
30	40	-310	-170	-120		-80	-50		-25		-9	0		-5	-10		+2	0
40	50	-320	-180	-130														
50	65	-340	-190	-140		-100	-60		-30		-10	0		-7	-12		+2	0
65	80	-360	-200	-150														
80	100	-380	-220	-170		-120	-72		-36		-12	0		-9	-15		+3	0
100	120	-410	-240	-180														
120	140	-460	-260	-200		-145	-85		-43		-14	0		-11	-18		+3	0
140	160	-520	-280	-210														
160	180	-580	-310	-230														
180	200	-660	-340	-240		-170	-100		-50		-15	0		-13	-21		+4	0
200	225	-740	-380	-260														
225	250	-820	-420	-280														
250	280	-920	-480	-300		-190	-110		-56		-17	0		-16	-26		+4	0
280	315	-1050	-540	-330														
315	355	-1200	-600	-360		-210	-125		-62		-18	0		-18	-28		+4	0
355	400	-1350	-680	-400														
400	450	-1500	-760	-440		-230	-135		-68		-20	0		-20	-32		+5	0
450	500	-1650	-840	-480														
500	560					-260	-145		-76		-22	0					0	0
560	630																	
630	710					-290	-160		-80		-24	0					0	0
710	800																	
800	900					-320	-170		-86		-26	0					0	0
900	1 000																	
1 000	1 120					-350	-195		-98		-28	0					0	0
1 120	1 250																	
1 250	1 400					-390	-220		-110		-30	0					0	0
1 400	1 600																	
1 600	1 800					-430	-240		-120		-32	0					0	0
1 800	2 000																	
2 000	2 240					-480	-260		-130		-34	0					0	0
2 240	2 500																	
2 500	2 800					-520	-290		-145		-38	0					0	0
2 800	3 150																	

注：1. 基本尺寸小于或等于 1 mm 时，基本偏差 a 和 b 均不采用。

2. 公差带 js7 至 js11，若 ITn 值数是奇数，则取偏差 = $\pm\frac{ITn-1}{2}$。

基本偏差数值(GB/T 1800.3—1998)摘编

μm

偏差数值

下偏差 ei													
所有标准公差等级													
m	n	p	r	s	t	u	v	x	y	z	za	zb	zc
+2	+4	+6	+10	+14		+18		+20		+26	+32	+40	+60
+4	+8	+12	+15	+19		+23		+28		+35	+42	+50	+80
+6	+10	+15	+19	+23		+28		+34		+42	+52	+67	+97
+7	+12	+18	+23	+28		+33		+40		+50	+64	+90	+130
							+39	+45		+60	+77	+108	+150
+8	+15	+22	+28	+35		+41	+47	+54	+63	+73	+98	+136	+188
					+41	+48	+55	+64	+75	+88	+118	+160	+218
+9	+17	+26	+34	+43	+48	+60	+68	+80	+94	+112	+148	+200	+274
					+54	+70	+81	+97	+114	+136	+180	+242	+325
+11	+20	+32	+41	+53	+66	+87	+102	+122	+144	+172	+226	+300	+405
			+43	+59	+75	+102	+120	+146	+174	+210	+274	+360	+480
+13	+23	+37	+51	+71	+91	+124	+146	+178	+214	+258	+335	+445	+585
			+54	+79	+104	+144	+172	+210	+254	+310	+400	+525	+690
+15	+27	+43	+63	+92	+122	+170	+202	+248	+300	+365	+470	+620	+800
			+65	+100	+134	+190	+228	+280	+340	+415	+535	+700	+900
			+68	+108	+146	+210	+252	+310	+380	+465	+600	+780	+1000
+17	+31	+50	+77	+122	+166	+236	+284	+350	+425	+520	+670	+880	+1 150
			+80	+130	+180	+258	+310	+385	+470	+575	+740	+960	+1 250
			+84	+140	+196	+284	+340	+425	+520	+640	+820	+1 050	+1 350
+20	+34	+56	+94	+158	+218	+315	+385	+475	+580	+710	+920	+1 200	+1 550
			+98	+170	+240	+350	+425	+525	+650	+790	+1 000	+1 300	+1 700
+21	+37	+62	+108	+190	+268	+390	+475	+590	+730	+900	+1 150	+1 500	+1 900
			+114	+208	+294	+435	+530	+660	+820	+1 000	+1 300	+1 650	+2 100
+23	+40	+68	+126	+232	+330	+490	+595	+740	+920	+1 100	+1 450	+1 850	+2 400
			+132	+252	+360	+540	+660	+820	+1 000	+1 250	+1 600	+2 100	+2 600
+26	+44	+78	+150	+280	+400	+600							
			+155	+310	+450	+660							
+30	+50	+88	+175	+340	+500	+740							
			+185	+380	+560	+840							
+34	+56	+100	+210	+430	+620	+940							
			+220	+470	+680	+1 050							
+40	+66	+120	+250	+520	+780	+1 150							
			+260	+580	+840	+1 300							
+48	+78	+140	+300	+640	+960	+1 450							
			+330	+720	+1 050	+1 600							
+58	+92	+170	+370	+820	+1 200	+1 850							
			+400	+920	+1 350	+2 000							
+68	+110	+195	+440	+1 000	+1 500	+2 300							
			+460	+1 100	+1 650	+2 500							
+76	+135	+240	+550	+1 250	+1 900	+2 900							
			+580	+1 400	+2 100	+3 200							

附表 7-2 孔的

基本尺寸/mm		基本偏差																				
		下偏差 EI																				
		所有标准公差等级											IT6	IT7	IT8	≤IT8	>IT8	≤IT8	>IT8	≤IT8	>IT8
大于	至	A	B	C	CD	D	E	EF	F	FG	G	H	JS	J			K		M		N	
—	3	+270	+140	+60	+34	+20	+14	+10	+6	+4	+2	0	偏差 = ±ITn/2,式中 ITn 是 IT 值数	+2	+4	+6	0	0	-2	-2	-4	-4
3	6	+270	+140	+70	+46	+30	+20	+14	+10	+6	+4	0		+5	+6	+10	-1+Δ		-4+Δ	-4	-8+Δ	0
6	10	+280	+150	+80	+56	+40	+25	+18	+13	+8	+5	0		+5	+8	+12	-1+Δ		-6+Δ	-6	-10+Δ	0
10	14	+290	+150	+95		+50	+32		+16		+6	0		+6	+10	+15	-1+Δ		-7+Δ	-7	-12+Δ	0
14	18																					
18	24	+300	+160	+110		+65	+40		+20		+7	0		+8	+12	+20	-2+Δ		-8+Δ	-8	-15+Δ	0
24	30																					
30	40	+310	+170	+120		+80	+50		+25		+9	0		+10	+14	+24	-2+Δ		-9+Δ	-9	-17+Δ	0
40	50	+320	+180	+130																		
50	65	+340	+190	+140		+100	+60		+30		+10	0		+13	+18	+28	-2+Δ		-11+Δ	-11	-20+Δ	0
65	80	+360	+200	+150																		
80	100	+380	+220	+170		+120	+72		+36		+12	0		+16	+22	+34	-3+Δ		-13+Δ	-13	-23+Δ	0
100	120	+410	+240	+180																		
120	140	+460	+260	+200		+145	+85		+43		+14	0		+18	+26	+41	-3+Δ		-15+Δ	-15	-27+Δ	0
140	160	+520	+280	+210																		
160	180	+580	+310	+230																		
180	200	+660	+340	+240		+170	+100		+50		+15	0		+22	+30	+47	-4+Δ		-17+Δ	-17	-31+Δ	0
200	225	+740	+380	+260																		
225	250	+820	+420	+280																		
250	280	+920	+480	+300		+190	+110		+56		+17	0		+25	+36	+55	-4+Δ		-20+Δ	-20	-34+Δ	0
280	315	+1 050	+540	+330																		
315	355	+1 200	+600	+360		+210	+125		+62		+18	0		+29	+39	+60	-4+Δ		-21+Δ	-21	-37+Δ	0
355	400	+1 350	+680	+400																		
400	450	+1 500	+760	+440		+230	+135		+68		+20	0		+33	+43	+66	-5+Δ		-23+Δ	-23	-40+Δ	0
450	500	+1 650	+840	+480																		
500	560					+260	+145		+76		+22	0					0		-26		-44	
560	630																					
630	710					+290	+160		+80		+24	0					0		-30		-50	
710	800																					
800	900					+320	+170		+86		+26	0					0		-34		-56	
900	1 000																					
1 000	1 120					+350	+195		+98		+28	0					0		-40		-66	
1 120	1 250																					
1 250	1 400					+390	+220		+110		+30	0					0		-48		-78	
1 400	1 600																					
1 600	1 800					+430	+240		+120		+32	0					0		-58		-92	
1 800	2 000																					
2 000	2 240					+480	+260		+130		+34	0					0		-68		-110	
2 240	2 500																					
2 500	2 800					+520	+290		+145		+38	0					0		-76		-135	
2 800	3 150																					

注：1. 基本尺寸小于或等于 1 mm 时，基本偏差 A 和 B 及大于 IT8 的 N 均不采用。

2. 公差带 JS7 至 JS11，若 ITn 值是奇数，则取偏差 = $\pm\frac{ITn-1}{2}$。

3. 对小于或等于 IT8 的 K、M、N 和小于或等于 IT7 的 P 至 ZC，所需 Δ 值从表内右侧选取。
例如：18～30 mm 段的 K7：Δ = 8 μm，所以 ES = -2 + 8 = +6 μm；
18～30 mm 段的 S6：Δ = 4 μm，所以 ES = -35 + 4 = -31 μm。

4. 特殊情况：250～315 mm 段的 M6，ES = -9 μm（代替 -11 μm）。

基本偏差数值(GB/T 1800.3—1998)摘编

数值													Δ值					
上偏差 ES																		
≤IT7	标准公差等级大于IT7												标准公差等级					
P至ZC	P	R	S	T	U	V	X	Y	Z	ZA	ZB	ZC	IT3	IT4	IT5	IT6	IT7	IT8
在大于IT7的相应数值上增加一个Δ值	-6	-10	-14		-18		-20		-26	-32	-40	-60	0	0	0	0	0	0
	-12	-15	-19		-23		-28		-35	-42	-50	-80	1	1.5	1	3	4	6
	-15	-19	-23		-28		-34		-42	-52	-67	-97	1	1.5	2	3	6	7
	-18	-23	-28		-33		-40		-50	-64	-90	-130	1	2	3	3	7	9
						-39	-45		-60	-77	-108	-150						
	-22	-28	-35		-41	-47	-54	-63	-73	-98	-136	-188	1.5	2	3	4	8	12
				-41	-48	-55	-64	-75	-88	-118	-160	-218						
	-26	-34	-43	-48	-60	-68	-80	-94	-112	-148	-200	-274	1.5	3	4	5	9	14
				-54	-70	-81	-97	-114	-136	-180	-242	-325						
	-32	-41	-53	-66	-87	-102	-122	-144	-172	-226	-300	-405	2	3	5	6	11	16
		-43	-59	-75	-102	-120	-146	-174	-210	-274	-360	-480						
	-37	-51	-71	-91	-124	-146	-178	-214	-258	-335	-445	-585	2	4	5	7	13	19
		-54	-79	-104	-144	-172	-210	-254	-310	-400	-525	-690						
	-43	-63	-92	-122	-170	-202	-248	-300	-365	-470	-620	-800	3	4	6	7	15	23
		-65	-100	-134	-190	-228	-280	-340	-415	-535	-700	-900						
		-68	-108	-146	-210	-252	-310	-380	-465	-600	-780	-1 000						
	-50	-77	-122	-166	-236	-284	-350	-425	-520	-670	-880	-1 150	3	4	6	9	17	26
		-80	-130	-180	-258	-310	-385	-470	-575	-740	-960	-1 250						
		-84	-140	-196	-284	-340	-425	-520	-640	-820	-1 050	-1 350						
	-56	-94	-158	-218	-315	-385	-475	-580	-710	-920	-1 200	-1 550	4	4	7	9	20	29
		-98	-170	-240	-350	-425	-525	-650	-790	-1 000	-1 300	-1 700						
	-62	-108	-190	-268	-390	-475	-590	-730	-900	-1 150	-1 500	-1 900	4	5	7	11	21	32
		-114	-208	-294	-435	-530	-660	-820	-1 000	-1 300	-1 650	-2 100						
	-68	-126	-232	-330	-490	-595	-740	-920	-1 100	-1 450	-1 850	-2 400	5	5	7	13	23	34
		-132	-252	-360	-540	-660	-820	-1 000	-1 250	-1 600	-2 100	-2 600						
	-78	-150	-280	-400	-600													
		-155	-310	-450	-660													
	-88	-175	-340	-500	-740													
		-185	-380	-560	-840													
	-100	-210	-430	-620	-940													
		-220	-470	-680	-1 050													
	-120	-250	-520	-780	-1 150													
		-260	-580	-840	-1 300													
	-140	-300	-640	-960	-1 450													
		-330	-720	-1 050	-1 600													
	-170	-370	-820	-1 200	-1 850													
		-400	-920	-1 350	-2 000													
	-195	-440	-1 000	-1 500	-2 300													
		-460	-1 100	-1 650	-2 500													
	-240	-550	-1 250	-1 900	-2 900													
		-580	-1 400	-2 100	-3 200													

附表 7-3 轴的极限偏

基本尺寸/mm \ 代号	a*	b*		c			d				e		
等级	11	11	12	9	10	**11**	8	**9**	10	11	7	8	9
≤3	-270 -330	-140 -200	-140 -240	-60 -85	-60 -100	**-60 -120**	-20 -34	**-20 -45**	-20 -60	-20 -80	-14 -24	-14 -28	-14 -39
>3~6	-270 -345	-140 -215	-140 -260	-70 -100	-70 -118	**-70 -145**	-30 -48	**-30 -60**	-30 -78	-30 -105	-20 -32	-20 -38	-20 50
>6~10	-280 -370	-150 -240	-150 -300	-80 -116	-80 -138	**-80 -170**	-40 -62	**-40 -76**	-40 -98	-40 -130	-25 -40	-25 -47	-25 -61
>10~14	-290	-150	-150	-95	-95	**-95**	-50	**-50**	-50	-50	-32	-32	-32
>14~18	-400	-260	-330	-138	-165	**-205**	-77	**-93**	-120	-160	-50	-59	-75
>18~24	-300	-160	-160	-110	-110	**-110**	-65	**-65**	-65	-65	-40	-40	-40
>24~30	-430	-290	-370	-162	-194	**-240**	-98	**-117**	-149	-195	-61	-73	-92
>30~40	-310 470	-170 -330	-170 -420	-120 -182	-120 -220	**-120 -280**	-80	**-80**	-80	-80	-50	-50	-50
>40~50	-320 -480	-180 -340	-180 -430	-130 -192	-130 -230	**-130 -290**	-119	**-142**	-180	-240	-75	-89	-112
>50~65	-340 -530	-190 -380	-190 -490	-140 -214	-140 -260	**-140 -330**	-100	**-100**	-100	-100	-60	-60	-60
>65~80	-360 -550	-200 -390	-200 -500	-150 -224	-150 -270	**-150 -340**	-146	**-174**	-220	-290	-90	-106	-134
>80~100	-380 -600	-220 -440	-220 -570	-170 -257	-170 -310	**-170 -390**	-120	**-120**	-120	-120	-72	-72	-72
>100~120	-410 -630	-240 -460	-240 -590	-180 -267	-180 -320	**-180 -400**	-174	**-207**	-260	-340	-107	-126	-159
>120~140	-460 -710	-260 -510	-260 -660	-200 -300	-200 -360	**-200 -450**	-145	**-145**	-145	-145	-85	-85	-85
>140~160	-520 -770	-280 -530	-280 -680	-210 -310	-210 -370	**-210 -460**							
>160~180	-580 -830	-310 -560	-310 710	-230 -330	-230 -390	**-230 -480**	-208	**-245**	-305	-395	-125	-148	-185
>180~200	-660 -950	-340 -630	-340 -800	-240 -355	-240 -425	**-240 -530**	-170	**-170**	-170	-170	-100	-100	-100
>200~225	-740 -1 030	-380 -670	-380 -840	-260 -375	-260 -445	**-260 -550**							
>225~250	-820 -1 110	-420 -710	-420 -880	-280 -395	-280 -465	**-280 -570**	-242	**-285**	-355	-460	-146	-172	-215
>250~280	-920 -1 240	-480 -800	-480 -1 000	-300 -430	-300 -510	**-300 -620**	-190	**-190**	-190	-190	-110	-110	-110
>280~315	-1 050 1 370	-540 -860	-540 -1 060	-330 -460	-330 -540	**-330 -650**	-271	**-320**	-400	-510	-162	-191	-240
>315~335	-1 200 -1 560	-600 -960	-600 -1 170	-360 -500	-360 -590	**-360 -720**	-210	**-210**	-210	-210	-125	-125	-125
>355~400	-1 350 -1 710	-680 -1 040	-680 -1 250	-400 -540	-400 -630	**-400 -760**	-299	**-350**	-440	-570	-182	-214	-265
>400~450	-1 500 -1 900	-760 -1 160	-760 -1 390	-440 -595	-440 -690	**-440 -840**	-230	**-230**	-230	-230	-135	-135	-235
>450~500	-1 650 -2 050	-840 -1 240	-840 -1 470	-480 -635	-480 -730	**-480 -880**	-327	**-385**	-480	-630	-198	-232	-290

差(GB/T 1800.4—1999)摘编

μm

f					g			h							
5	6	**7**	8	9	5	**6**	7	5	**6**	**7**	8	**9**	10	**11**	12
−6 −10	−6 −12	**−6 −16**	−6 −20	−6 −31	−2 −6	**−2 −8**	−2 −12	0 −4	**0 −6**	**0 −10**	0 −14	**0 −25**	0 −40	**0 −60**	0 −100
−10 −15	−10 −18	**−10 −22**	−10 −28	−10 −40	−4 −9	**−4 −12**	−4 −16	0 −5	**0 −8**	**0 −12**	0 −18	**0 −30**	0 −48	**0 −75**	0 −120
−13 −19	−13 −22	**−13 −28**	−13 −35	−13 −49	−5 −11	**−5 −14**	−5 −20	0 −6	**0 −9**	**0 −15**	0 −22	**0 −36**	0 −58	**0 −90**	0 −150
−16 −24	−16 −27	**−16 −34**	−16 −43	−16 −59	−6 −14	**−6 −17**	−6 −24	0 −8	**0 −11**	**0 −18**	0 −27	**0 −43**	0 −70	**0 −110**	0 −180
−20 −29	−20 −33	**−20 −41**	−20 −53	−20 −72	−7 −16	**−7 −20**	−7 −28	0 −9	**0 −13**	**0 −21**	0 −33	**0 −52**	0 −84	**0 −130**	0 −210
−25 −36	−25 −41	**−25 −50**	−25 −64	−25 −87	−9 −20	**−9 −25**	−9 −34	0 −11	**0 −16**	**0 −25**	0 −39	**0 −62**	0 −100	**0 −160**	0 −250
−30 −43	−30 −49	**−30 −60**	−30 −76	−30 −104	−10 −23	**−10 −29**	−10 −40	0 −13	**0 −19**	**0 −30**	0 −46	**0 −74**	0 −120	**0 −190**	0 −300
−36 −51	−36 −58	**−36 −71**	−36 −90	−36 −123	−12 −27	**−12 −34**	−12 −47	0 −15	**0 −22**	**0 −35**	0 −54	**0 −87**	0 −140	**0 −220**	0 −350
−43 −61	−43 −68	**−43 −83**	−43 −106	−43 −143	−14 −32	**−14 −39**	−14 −54	0 −18	**0 −25**	**0 −40**	0 −63	**0 −100**	0 −160	**0 −250**	0 −400
−50 −70	−50 −79	**−50 −96**	−50 −122	−50 −165	−15 −35	**−15 −44**	−15 −61	0 −20	**0 −29**	**0 −46**	0 −72	**0 −115**	0 −185	**0 −290**	0 −460
−56 −79	−56 −88	**−56 −108**	−56 −137	−56 −185	−17 −40	**−17 −49**	−17 −69	0 −23	**0 −32**	**0 −52**	0 −81	**0 −130**	0 −210	**0 −320**	0 −520
−62 −87	−62 −98	**−62 −119**	−62 −151	−62 −202	−18 −43	**−18 −54**	−13 −75	0 −25	**0 −36**	**0 −57**	0 −89	**0 −140**	0 −230	**0 −360**	0 −570
−68 −95	−68 −108	**−68 −131**	−68 −165	−68 −223	−20 −47	**−20 −60**	−20 −83	0 −27	**0 −40**	**0 −63**	0 −97	**0 −155**	0 −250	**0 −400**	0 −630

基本尺寸/mm \ 代号 等级	js 5	js 6	js 7	k 5	k 6	k 7	m 5	m 6	m 7	n 5	n 6	n 7	p 5	p 6	p 7
≤3	±2	±3	±5	+4 0	**+6 0**	+10 0	+6 +2	+8 +2	+12 +2	+8 +4	**+10 +4**	+14 +4	+10 +6	**+12 +6**	+16 +6
>3~6	±2.5	±4	±6	+6 +1	**+9 +1**	+13 +1	+9 +4	+12 +4	+16 +4	+13 +8	**+16 +8**	+20 +8	+17 +12	**+20 +12**	+24 +12
>6~10	±3	±4.5	±7	+7 +1	**+10 +1**	+16 +1	+12 +6	+15 +6	+21 +6	+16 +10	**+19 +10**	+25 +10	+21 +15	**+24 +15**	+30 +15
>10~14 >14~18	±4	±5.5	±9	+9 +1	**+12 +1**	+19 +1	+15 +7	+18 +7	+25 +7	+20 +12	**+23 +12**	+30 +12	+26 +18	**+29 +18**	+36 +18
>18~24 >24~30	±4.5	±6.5	±10	+11 +2	**+15 +2**	+23 +2	+17 +8	+21 +8	+29 +8	+24 +15	**+28 +15**	+36 +15	+31 +22	**+35 +22**	+43 +22
>30~40 >40~50	±5.5	±8	±12	+13 +2	**+18 +2**	+27 +2	+20 +9	+25 +9	+34 +9	+28 +17	**+33 +17**	+42 +17	+37 +26	**+42 +26**	+51 +26
>50~65 >65~80	±6.5	±9.5	±15	+15 +2	**+21 +2**	+32 +2	+24 +11	+30 +11	+41 +11	+33 +20	**+39 +20**	+50 +20	+45 +32	**+51 +32**	+62 +32
>80~100 >100~120	±7.5	±11	±17	+18 +3	**+25 +3**	+38 +3	+28 +13	+35 +13	+48 +13	+38 +23	**+45 +23**	+58 +23	+52 +37	**+59 +37**	+72 +37
>120~140 >140~160 >160~180	±9	±12.5	±20	+21 +3	**+28 +3**	+43 +3	+33 +15	+40 +15	+55 +15	+45 +27	**+52 +27**	+67 **+27**	+61 +43	**+68 +43**	+83 +43
>180~200 >200~225 >225~250	±10	±14.5	±23	+24 +4	**+33 +4**	+50 +4	+37 +17	+46 +17	+63 +17	+51 +31	**+60 +31**	+77 +31	+70 +50	**+79 +50**	+96 +50
>250~280 >280~315	±11.5	±16	±26	+27 +4	**+36 +4**	+56 +4	+43 +20	+52 +20	+72 +20	+57 +34	**+66 +34**	+86 +34	+79 +56	**+88 +56**	+108 +56
>315~355 >355~400	±12.5	±18	±28	+29 +4	**+40 +4**	+61 +4	+46 +21	+57 +21	+78 +21	+62 +37	**+73 +37**	+94 +37	+87 +62	**+98 +62**	+119 +62
>400~450 >450~500	±13.5	±20	±31	+32 +5	**+45 +5**	+68 +5	+50 +23	+63 +23	+86 +23	+67 +40	**+80 +40**	+103 +40	+95 +68	**+108 +68**	+131 +68

注：1. * 基本尺寸小于 1 mm 时，各级的 a 和 b 均不采用。
2. 黑体字为优先公差带。

续表

r			s			t			u		v	x	y	z
5	6	7	5	**6**	7	5	6	7	**6**	7	6	6	6	6
+14	+16	+20	+18	**+20**	+24	—	—	—	**+24**	+28	—	+26	—	+32
+10	+10	+10	+14	**+14**	+14				**+18**	+18		+20		+26
+20	+23	+27	+24	**+27**	+31	—	—	—	**+31**	+35	—	+36	—	+43
+15	+15	+15	+19	**+19**	+19				**+23**	+23		+28		+35
+25	+28	+34	+29	**+32**	+38	—	—	—	**+37**	+43	—	+43	—	+51
+19	+19	+19	+23	**+23**	+23				**+28**	+28		+34		+42
						—	—	—			—	+51	—	+61
+31	+34	+41	+36	**+39**	+46				**+44**	+51		+40		+50
+23	+23	+23	+28	**+28**	+28	—	—	—	**+33**	+33	+50	+56	—	+71
											+39	+45		+60
						—	—	—	**+54**	+62	+60	+67	+76	+86
+37	+41	+49	+44	**+48**	+56				**+41**	+41	+47	+54	+63	+73
+28	+28	+28	+35	**+35**	+35	+50	+54	+62	**+61**	+69	+68	+77	+88	+101
						+41	+41	+41	**+48**	+48	+55	+64	+75	+88
						+59	+64	+73	**+76**	+85	+84	+96	+110	+128
+45	+50	+59	+54	**+59**	+68	+48	+48	+48	**+60**	+60	+68	+80	+94	+112
+34	+34	+34	+43	**+43**	+43	+65	+70	+79	**+86**	+95	+97	+113	+130	+152
						+54	+54	+54	**+70**	+70	+81	+97	+114	+136
+54	+60	+71	+66	**+72**	+83	+79	+85	+96	**+106**	+117	+121	+141	+163	+191
+41	+41	+41	+53	**+53**	+53	+66	+66	+66	**+87**	+87	+102	+122	+144	+172
+56	+62	+72	+72	**+78**	+89	+88	+94	+105	**+121**	+132	+139	+165	+193	+229
+43	+43	+43	+59	**+59**	+59	+75	+75	+75	**+102**	+102	+120	+146	+174	+210
+66	+73	+86	+86	**+93**	+106	+106	+113	+126	**+146**	+159	+168	+200	+236	+280
+51	+51	+51	+71	**+71**	+71	+91	+91	+91	**+124**	+124	+146	+178	+214	+258
+69	+76	+89	+94	**+101**	+114	+119	+126	+139	**+166**	+179	+194	+232	+276	+332
+54	+54	+54	+79	**+79**	+79	+104	+104	+104	**+144**	+144	+172	+210	+254	+310
+81	+88	+103	+110	**+117**	+132	+140	+147	+162	**+195**	+210	+227	+273	+325	+390
+63	+63	+63	+92	**+92**	+92	+122	+122	+122	**+170**	+170	+202	+248	+300	+365
+83	+90	+105	+118	**+125**	+140	+152	+159	+174	**+215**	+230	+253	+305	+365	+440
+65	+65	+65	+100	**+100**	+100	+134	+134	+134	**+190**	+190	+228	+280	+340	+415
+86	+93	+108	+126	**+133**	+148	+164	+171	+186	**+235**	+250	+277	+335	+405	+490
+68	+68	+68	+108	**+108**	+108	+146	+146	+146	**+210**	+210	+252	+310	+380	+465
+97	+106	+123	+142	**+151**	+168	+186	+195	+212	**+265**	+282	+313	+379	+454	+549
+77	+77	+77	+122	**+122**	+122	+166	+166	+166	**+236**	+236	+284	+350	+425	+520
+100	+109	+126	+150	**+159**	+176	+200	+209	+226	**+287**	+304	+339	+414	+499	+604
+80	+80	+80	+130	**+130**	+130	+180	+180	+180	**+258**	+258	+310	+385	+470	+575
+104	+113	+130	+160	**+169**	+186	+216	+225	+242	**+313**	+330	+369	+454	+549	+669
+84	+84	+84	+140	**+140**	+140	+196	+196	+196	**+284**	+284	+340	+425	+520	+640
+117	+126	+146	+181	**+190**	+210	+241	+250	+270	**+347**	+367	+417	+507	+612	+742
+94	+94	+94	+158	**+158**	+158	+218	+218	+218	**+315**	+315	+385	+475	+580	+710
+121	+130	+150	+193	**+202**	+222	+263	+272	+292	**+382**	+402	+457	+557	+682	+822
+98	+98	+98	+170	**+170**	+170	+240	+240	+240	**+350**	+350	+425	+525	+650	+790
+133	+144	+165	+215	**+226**	+247	+293	+304	+325	**+426**	+447	+511	+626	+766	+936
+108	+108	+108	+190	**+190**	+190	+268	+268	+268	**+390**	+390	+475	+590	+730	+900
+139	+150	+171	+233	**+244**	+265	+319	+330	+351	**+471**	+492	+566	+696	+856	+1 036
+114	+114	+114	+208	**+208**	+208	+294	+294	+294	**+435**	+435	+530	+660	+820	+1 000
+153	+166	+189	+259	**+272**	+295	+357	+370	+393	**+530**	+553	+635	+780	+960	+1 140
+126	+126	+126	+232	**+232**	+232	+330	+330	+330	**+490**	+490	+595	+740	+920	+1 100
+159	+172	+195	+279	**+292**	+315	+387	+400	+423	**+580**	+603	+700	+860	+1 040	+1 290
+132	+132	+132	+252	**+252**	+252	+360	+360	+360	**+540**	+540	+660	+820	+1 000	+1 250

附表 7－4　孔的极限偏差

代号	A*	B*		C		D				E		F			
基本尺寸/mm \ 等级	11	11	12	**11**	12	8	**9**	10	11	8	9	6	7	**8**	9
≤3	+330 +270	+200 +140	+240 +140	**+120** **+60**	+160 +60	+34 +20	**+45** **+20**	+60 +20	+80 +20	+28 +14	+39 +14	+12 +6	+16 +6	**+20** **+6**	+31 +6
>3～6	+345 +270	+215 +140	+260 +140	**+145** **+70**	+190 +70	+48 +30	**+60** **+30**	+78 +30	+105 +30	+38 +20	+50 +20	+18 +10	+22 +10	**+28** **+10**	+40 +10
>6～10	+370 +280	+240 +150	+300 +150	**+170** **+80**	+230 +80	+62 +40	**+76** **+40**	+98 +40	+130 +40	+47 +25	+61 +25	+22 +13	+28 +13	**+35** **+13**	+49 +13
>10～14	+400	+260	+330	**+205**	+275	+77	**+93**	+120	+160	+59	+75	+27	+34	**+43**	+59
>14～18	+290	+150	+150	**+95**	+95	+50	**+50**	+50	+50	+32	+32	+16	+16	**+16**	+16
>18～24	+430	+290	+370	**+240**	+320	+98	**+117**	+149	+195	+73	+92	+33	+41	**+53**	+72
>24～30	+300	+160	+160	**+110**	+110	+65	**+65**	+65	+65	+40	+40	+20	+20	**+20**	+20
>30～40	+470 +310	+330 +170	+420 +170	**+280** **+120**	+370 +120	+119	**+142**	+180	+240	+89	+112	+41	+50	**+64**	+87
>40～50	+480 +320	+340 +180	+430 +180	**+290** **+130**	+380 +130	+80	**+80**	+80	+80	+50	+50	+25	+25	**+25**	+25
>50～65	+530 +340	+380 +190	+490 +190	**+330** **+140**	+440 +140	+146	**+174**	+220	+290	+106	+134	+49	+60	**+76**	+104
>65～80	+550 +360	+390 +200	+500 +200	**+340** **+150**	+450 +150	+100	**+100**	+100	+100	+60	+60	+30	+30	**+30**	+30
>80～100	+600 +380	+440 +220	+570 +220	**+390** **+170**	+520 +170	+174	**+207**	+260	+340	+126	+159	+58	+71	**+90**	+123
>100～120	+630 +410	+460 +240	+590 +240	**+400** **+180**	+530 +180	+120	**+120**	+120	+120	+72	+72	+36	+36	**+36**	+36
>120～140	+710 +460	+510 +260	+660 +260	**+450** **+200**	+600 +200	208	**+245**	+305	+395	+148	+185	+68	+83	**+106**	+143
>140～160	+770 +520	+530 +280	+680 +280	**+460** **+210**	+610 +210										
>160～180	+830 +580	+560 +310	+710 +310	**+480** **+230**	+630 +230	+145	**+145**	+145	+145	+85	+85	+43	+43	**+43**	+43
>180～200	+950 +660	+630 +340	+800 +340	**+530** **+240**	+700 +240	+242	**+285**	+355	+460	+172	+215	+79	+96	**+122**	+165
>200～225	+1030 +740	+670 +380	+840 +380	**+550** **+260**	+720 +260										
>225～250	+1110 +820	+710 +420	+880 +420	**+570** **+280**	+740 +280	+170	**+170**	+170	+170	+100	+100	+50	+50	**+50**	+50
>250～280	+1240 +920	+800 +480	+1000 +480	**+620** **+300**	+820 +300	+271	**+320**	+400	+510	+191	+240	+88	+108	**+137**	+186
>280～315	+1370 +1050	+860 +540	+1060 +540	**+650** **+330**	+850 +330	+190	**+190**	+190	+190	+110	+110	+56	+56	**+56**	+56
>315～355	+1560 +1200	+960 +600	+1170 +600	**+720** **+360**	+930 +360	+299	**+350**	+440	+570	+214	+265	+98	+119	**+151**	+202
>355～400	+1710 +1350	+1040 +680	+1250 +680	**+760** **+400**	+970 +400	+210	**+210**	+210	+210	+125	+125	+62	+62	**+62**	+62
>400～450	+1900 +1500	+1160 +760	+1390 +760	**+840** **+440**	+1070 +440	+327	**+385**	+480	+630	+232	+290	+108	+131	**+165**	+223
>450～500	+2050 +1650	+1240 +840	+1470 +840	**+880** **+480**	+1110 +488	+230	**+230**	+230	+230	+135	+135	+68	+68	**+68**	+68

（GB/T 1800.4—1999）摘编　　μm

G		H							JS			K		
6	**7**	6	**7**	**8**	**9**	10	**11**	12	6	7	8	6	**7**	8
+8 +2	**+12 +2**	+6 0	**+10 0**	**+14 0**	**+25 0**	+40 0	**+60 0**	+100 0	±3	±5	±7	0 −6	**0 −10**	0 −14
+12 +4	**+16 +4**	+8 0	**+12 0**	**+18 0**	**+30 0**	+48 0	**+75 0**	+120 0	±4	±6	±9	+2 −6	**+3 −9**	+5 −13
+14 +5	**+20 +5**	+9 0	**+15 0**	**+22 0**	**+36 0**	+58 0	**+90 0**	+150 0	±4.5	±7	±11	+2 −7	**+5 −10**	+6 −16
+17 +6	**+24 +6**	+11 0	**+18 0**	**+27 0**	**+43 0**	+70 0	**+110 0**	+180 0	±5.5	±9	±13	+2 −9	**+6 −12**	+8 −19
+20 +7	**+28 +7**	+13 0	**+21 0**	**+33 0**	**+52 0**	+84 0	**+130 0**	+210 0	±6.5	±10	±16	+2 −11	**+6 −15**	+10 −23
+25 +9	**+34 +9**	+16 0	**+25 0**	**+39 0**	**+62 0**	+100 0	**+160 0**	+250 0	±8	±12	±19	+3 −13	**+7 −18**	+12 −27
+29 +10	**+40 +10**	+19 0	**+30 0**	**+46 0**	**+74 0**	+120 0	**+190 0**	+300 0	±9.5	±15	±23	+4 −15	**+9 −21**	+14 −32
+34 +12	**+47 +12**	+22 0	**+35 0**	**+54 0**	**+87 0**	+140 0	**+220 0**	+350 0	±11	±17	±27	+4 −18	**+10 −25**	+16 −38
+39 +14	**+54 +14**	+25 0	**+40 0**	**+63 0**	**+100 0**	+160 0	**+250 0**	+400 0	±12.5	±20	±31	+4 −21	**+12 −28**	+20 −43
+44 +15	**+61 +15**	+29 0	**+46 0**	**+72 0**	**+115 0**	+185 0	**+290 0**	+460 0	±14.5	±23	±36	+5 −24	**+13 −33**	+22 −50
+49 +17	**+69 +17**	+32 0	**+52 0**	**+81 0**	**+130 0**	+210 0	**+320 0**	+520 0	±16	±26	±40	+5 −27	**+16 −36**	+25 −56
+54 +18	**+75 +18**	+36 0	**+57 0**	**+89 0**	**+140 0**	+230 0	**+360 0**	+570 0	±18	±28	±44	+7 −29	**+17 −40**	+28 −61
+60 +20	**+83 +20**	+40 0	**+63 0**	**+97 0**	**+155 0**	+250 0	**+400 0**	+630 0	±20	±31	±48	+8 −32	**+18 −45**	+29 −68

续表

代号 / 等级 / 基本尺寸/mm	M			N			P		R		S		T		U
	6	7	8	6	**7**	8	6	**7**	6	7	6	**7**	6	7	**7**
≤3	-2 -8	-2 -12	-2 -16	-4 -10	**-4** **-14**	-4 -18	-6 -12	**-6** **-16**	-10 -16	-10 -20	-14 -20	**-14** **-24**	—	—	**-18** **-28**
>3~6	-1 -9	0 -12	+2 -16	-5 -13	**-4** **-16**	-2 -20	-9 -17	**-8** **-20**	-12 -20	-11 -23	-16 -24	**-15** **-27**	—	—	**-19** **-31**
>6~10	-3 -12	0 -15	+1 -21	-7 -16	**-4** **-19**	-3 -25	-12 -21	**-9** **-24**	-16 -25	-13 -28	-20 -29	**-17** **-32**	—	—	**-22** **-37**
>10~14	-4 -15	0 -18	+2 -25	-9 -20	**-5** **-23**	-3 -30	-15 -26	**-11** **-29**	-20 -31	-16 -34	-25 -36	**-21** **-39**	—	—	**-26** **-44**
>14~18															
>18~24	-4 -17	0 -21	+4 -29	-11 -24	**-7** **-28**	-3 -36	-18 -31	**-14** **-35**	-24 -37	-20 -41	-31 -44	**-27** **-48**	—	—	**-33** **-54**
>24~30													-37 -50	-33 -54	**-40** **-61**
>30~40	-4 -20	0 -25	+5 -34	-12 -28	**-8** **-33**	-3 -42	-21 -37	**-17** **-42**	-29 -45	-25 -50	-38 -54	**-34** **-59**	-43 -59	-39 -64	**-51** **-76**
>40~50													-49 -65	-45 -70	**-61** **-86**
>50~65	-5 -24	0 -30	+5 -41	-14 -33	**-9** **-39**	-4 -50	-26 -45	**-21** **-51**	-35 -54	-30 -60	-47 -66	**-42** **-72**	-60 -79	-55 -85	**-76** **-106**
>65~80									-37 -56	-32 -62	-53 -72	**-48** **-78**	-69 -88	-64 -94	**-91** **-121**
>80~100	-6 -28	0 -35	+6 -48	-16 -38	**-10** **-45**	-4 -58	-30 -52	**-24** **-59**	-44 -66	-38 -73	-64 -86	**-58** **-93**	-84 -106	-78 -113	**-111** **-146**
>100~120									-47 -69	-41 -76	-72 -94	**-66** **-101**	-97 -119	-91 -126	**-131** **-166**
>120~140	-8 -33	0 -40	+8 -55	-20 -45	**-12** **-52**	-4 -67	-36 -61	**-28** **-68**	-56 -81	-48 -88	-85 -110	**-77** **-117**	-115 -140	-107 -147	**-155** **-195**
>140~160									-58 -83	-50 -90	-93 -118	**-85** **-125**	-127 -152	-119 -159	**-175** **-215**
>160~180									-61 -86	-53 -93	-101 -126	**-93** **-133**	-139 -164	-131 -171	**-195** **-235**
>180~200	-8 -37	0 -46	+9 -63	-22 -51	**-14** **-60**	-5 -77	-41 -70	**-33** **-79**	-68 -97	-60 -106	-113 -142	**-105** **-151**	-157 -186	-149 -195	**-219** **-265**
>200~225									-71 -100	-63 -109	-121 -150	**-113** **-159**	-171 -200	-163 -209	**-241** **-287**
>225~250									-75 -104	-67 -113	-131 -160	**-123** **-169**	-187 -216	-179 -225	**-267** **-313**
>250~280	-9 -41	0 -52	+9 -72	-25 -57	**-14** **-66**	-5 -86	-47 -79	**-36** **-88**	-85 -117	-74 -126	-149 -181	**-138** **-190**	-209 -241	-198 -250	**-295** **-347**
>280~315									-89 -121	-78 -130	-161 -193	**-150** **-202**	-231 -263	-220 -272	**-330** **-382**
>315~355	-10 -46	0 -57	+11 -78	-26 -62	**-16** **-73**	-5 -94	-51 -87	**-41** **98**	-97 -133	-87 -144	-179 -215	**-169** **-226**	-257 -293	-247 -304	**-369** **-426**
>355~400									-103 -139	-93 -150	-197 -233	**-187** **-244**	-283 -319	-273 -330	**-414** **-471**
>400~450	-10 -50	0 63	+11 -86	-27 -67	**-17** **-80**	-6 -103	-55 -95	**-45** **-108**	-113 -153	-103 -166	-219 -259	**-209** **-272**	-317 -357	-307 -370	**-467** **-530**
>450~500									-119 -159	-109 -172	-239 -279	**-229** **-292**	-347 -387	-337 -400	**-517** **-580**

注：1. * 基本尺寸小于 1 mm 时，各级的 A 和 B 均不采用。

2. 黑体字为优先公差带。

附表 7－5　标准公差数值(GB/T 1800.3—1998)摘编

基本尺寸/mm		标准公差等级																	
		IT1	IT2	IT3	IT4	IT5	IT6	IT7	IT8	IT9	IT10	IT11	IT12	IT13	IT14	IT15	IT16	IT17	IT18
大于	至	μm											mm						
—	3	0.8	1.2	2	3	4	6	10	14	25	40	60	0.1	0.14	0.25	0.4	0.6	1	1.4
3	6	1	1.5	2.5	4	5	8	12	18	30	48	75	0.12	0.18	0.3	0.48	0.75	1.2	1.8
6	10	1	1.5	2.5	4	6	9	15	22	36	58	90	0.15	0.22	0.36	0.58	0.9	1.5	2.2
10	18	1.2	2	3	5	8	11	18	27	43	70	110	0.18	0.27	0.43	0.7	1.1	1.8	2.7
18	30	1.5	2.5	4	6	9	13	21	33	52	84	130	0.21	0.33	0.52	0.84	1.3	2.1	3.3
30	50	1.5	2.5	4	7	11	16	25	39	62	100	160	0.25	0.39	0.62	1	1.6	2.5	3.9
50	80	2	3	5	8	13	19	30	46	74	120	190	0.3	0.46	0.74	1.2	1.9	3	4.6
80	120	2.5	4	6	10	15	22	35	54	87	140	220	0.35	0.54	0.87	1.4	2.2	3.5	5.4
120	180	3.5	5	8	12	18	25	40	63	100	160	250	0.4	0.63	1	1.6	2.5	4	6.3
180	250	4.5	7	10	14	20	29	46	72	115	185	290	0.46	0.72	1.15	1.85	2.9	4.6	7.2
250	315	6	8	12	16	23	32	52	81	130	210	320	0.52	0.81	1.3	2.1	3.2	5.2	8.1
315	400	7	9	13	18	25	36	57	89	140	230	360	0.57	0.89	1.4	2.3	3.6	5.7	8.9
400	500	8	10	15	20	27	40	63	97	155	250	400	0.63	0.97	1.55	2.5	4	6.3	9.7
500	630	9	11	16	22	32	44	70	110	175	280	440	0.7	1.1	1.75	2.8	4.4	7	11
630	800	10	13	18	25	36	50	80	125	200	320	500	0.8	1.25	2	3.2	5	8	12.5
800	1 000	11	15	21	28	40	56	90	140	230	360	560	0.9	1.4	2.3	3.6	5.6	9	14
1 000	1 250	13	18	24	33	47	66	105	165	260	420	660	1.05	1.65	2.6	4.2	6.6	10.5	16.5
1 250	1 600	15	21	29	39	55	78	125	195	310	500	780	1.25	1.95	3.1	5	7.8	12.5	19.5
1 600	2 000	18	25	35	46	65	92	150	230	370	600	920	1.5	2.3	3.7	6	9.2	15	23
2 000	2 500	22	30	41	55	78	110	175	280	440	700	1100	1.75	2.8	4.4	7	11	17.5	28
2 500	3 150	26	36	50	68	96	135	210	330	540	860	1350	2.1	3.3	5.4	8.6	13.5	21	33

注：1. 基本尺寸大于 500 mm 的 IT1 至 IT5 的标准公差数值为试行的。

2. 基本尺寸小于或等于 1 mm 时，无 IT14 至 IT18。

读书笔记